手养猫一本就够

单熙汝 著

海峡出版发行集团
THE STRAITS PUBLISHING & DISTRIBUTING GROUP
福建科学技术出版社

图书在版编目（CIP）数据

新手养猫一本就够 / 单熙汝著. —福州：福建科学技术出版社，2021.4
ISBN 978-7-5335-6410-0

Ⅰ.①新… Ⅱ.①单… Ⅲ.①猫－驯养 Ⅳ.①S829.3

中国版本图书馆CIP数据核字（2021）第039775号

书　　名　新手养猫一本就够
著　　者　单熙汝
出版发行　福建科学技术出版社
社　　址　福州市东水路76号（邮编350001）
网　　址　www.fjstp.com
经　　销　福建新华发行（集团）有限责任公司
印　　刷　福建省地质印刷厂
开　　本　700毫米×1000毫米　1/16
印　　张　11.5
图　　文　184码
字　　数　205千字
版　　次　2021年4月第1版
印　　次　2021年4月第1次印刷
书　　号　ISBN 978-7-5335-6410-0
定　　价　48.00元
书中如有印装质量问题，可直接向本社调换

猫咪教会我的事

我很喜欢动物，从还不太会走路开始，我就喜欢亲近动物。这是一种无法言状的喜欢，是一种不需要理由的喜欢。人对动物的喜欢就是这么单纯，而动物亲近我们也是如此简单——因为你有好吃的食物，还有舒服的床窝，我就和你当朋友。

有趣的是，人类会顺着猫咪的意愿行事，借由满足猫咪喜好而获得快乐。同时，猫咪也很懂得怎么让人满足它的需求。

就这样，猫咪与猫奴从此过上幸福快乐的日子……

但实际上，我们遇到很多人在养猫之后生活品质下降，甚至与家人关系紧张的情况，那么问题出在哪呢?

我这几年深入数百个养猫家庭，发现了核心问题：一是不理解猫，一是环境不适合。也就是说，要让猫咪成为优秀的家庭宠物，我们绝对有必要提供适当的环境，实施正确的互动，来和猫咪做条件交换。如此一来，才能让猫咪和我们和谐地生活在一起，成为一只安定、自在，又会撒娇的猫。

猫咪的天性是改变人，而不是被人训练。如果曾经听过我的演讲，或是已成功把自己的“恶魔猫”感化为“天使猫”，那你一定也学会了怎么给予对方需要的爱，而不是自以为是的爱。

“不把自己认为的‘好’强加在对方身上”，是猫咪教会我们的。期许大家能够带着喜欢猫咪的那份单纯，成为快乐的猫奴。

而这本《新手养猫一本就够》，是继上一本书《全图解猫咪行为学》后，在我们对猫行为有了全盘的基本了解后，再深入剖析并解决猫咪和你生活上常遇到的大小问题的一本实用图书。

单熙汝

目录
Contents

第一章

猫以食为天，猫咪要怎么吃才会健康快乐

第二章

猫咪的“住”，大有讲究

第三章

当一只猫变成一群猫的时候

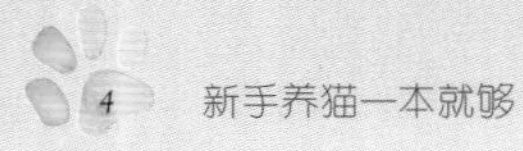

第八章

谁说猫咪学不会

第一章

猫以食为天，
猫咪要怎么吃才会健康快乐

除了猫咪乱撒尿、捣蛋破坏之类的麻烦问题之外，很多饲主关心的重点都在猫咪的饮食上。

“老师，我家的猫不肯吃饭怎么办？”

“老师，我家的猫只愿意吃零食，都不吃正餐，怎么办？”

“我每天工作到很晚才回家，要怎么解决猫咪吃饭的问题？”

“猫咪不喜欢喝水怎么办？”

“我想给猫咪换饲料，但它不愿意接受新饲料，怎么办？”

“有人说，为了安全起见，要经常更换猫咪的饲料，真的吗？”

“老师，我的猫非得让我用手去喂食，不肯自己吃饭，怎么办？”

“老师，我家的猫太胖了，怎么帮它减重？”

“我买了超级贵的饲料，但猫咪不肯吃，我该怎么办啊？”

你家的猫是否也有类似的问题？接下来，我将针对这类问题，逐一说明，帮助大家解决猫咪“食”的问题。

1

猫咪怎么吃才快乐

猫食的选择

近年来，我发现饲主们在喂养方面，和10年前最大的不同之处是开始意识到“猫咪的肾脏很重要，需要多喝水”。

为了保护猫咪的肾脏，必须提供足够的水分，越来越多饲主们舍弃干饲料，改选湿粮（也就是生肉、罐头和鲜食）。湿粮因为富含水分，的确较符合猫咪不太主动喝水的天性。

不过，这又产生另一个层面的问题：许多工作忙碌的都市饲主，因为工作会长时间不在家，又担心湿粮容易腐败，不能久放。于是，每天出门前，只为猫咪准备两三分钟可以吃完的分量，让猫咪在短时间内快速进食。

这样做虽然确保了食物的新鲜度，但猫咪在饲主不在家的这段时间内缺乏食物，会让猫咪挨饿。

干饲料、生食、鲜食、罐头的优缺点比较

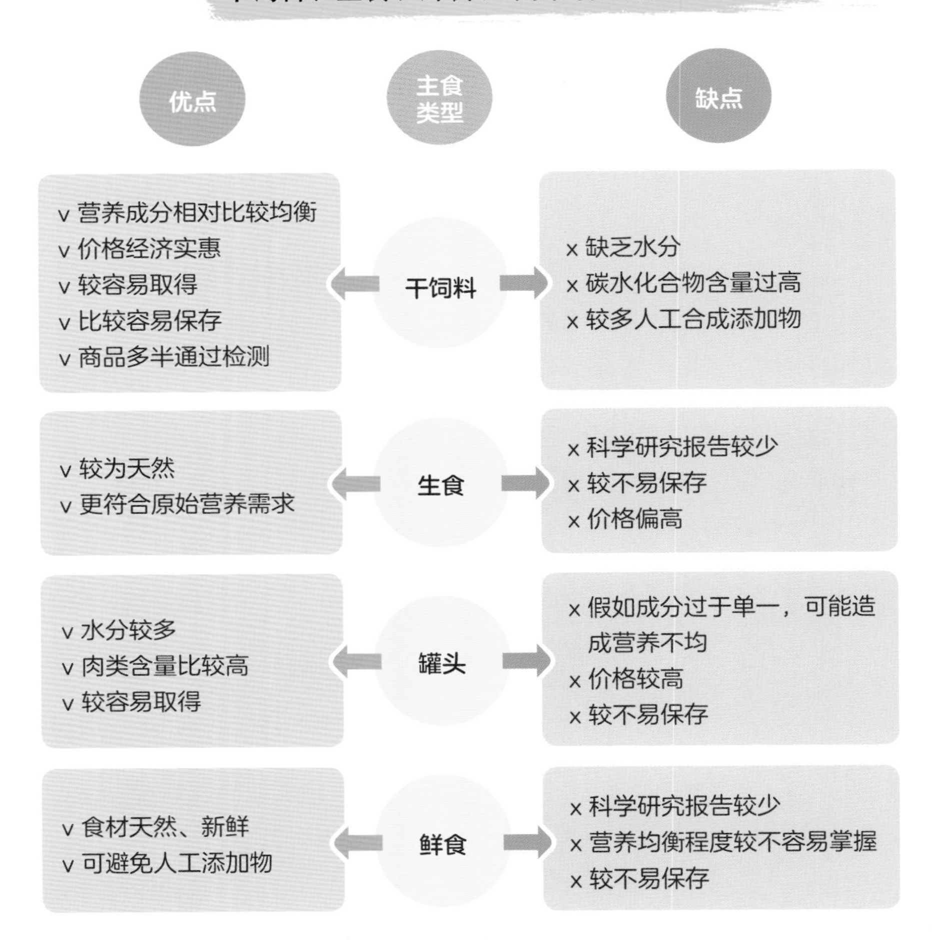

猫式用餐法则：少食多餐

因为猫咪的生理机能使然，注定了它们必须“少食多餐”。

那么，到底要多少量、多少餐，才能符合猫咪的饮食要求呢？这没有硬性的规定，完全取决于猫各自的生理状况。

平均说来，一只猫咪每天应该要进食8~20次，每次10~30克。这些数字，随着猫咪的年龄、活动力、生理状况会有些许变化。

为求符合少食多餐的猫式用餐法则，我建议饲主可以在在家的时候提供数次的湿粮。如果平常需要上班，每天有6~8小时不在家，就留一些干粮在盘子里，以便猫咪有需要进食时自己去吃。

猫的进食模式

每日进食次数	8~20次
每餐分量	10~30克（幼猫通常更多，甚至可能多达70克）
注意事项	. 饮食分量随猫咪年龄、活动力、生理状况而不同 . 饲主在家时，可多提供几次湿粮

别用教育小孩的方式规定猫咪进食

“定时定量”是我们常听到的建议喂食法。这对于结扎后必须控制体重的猫咪来说，是理想的办法。所以，如果饲主想执行定时定量喂食法，必须先评估：

1. 猫咪是否结扎。

2. 猫咪有没有体重控制方面的需求。

至于幼猫、哺乳中的母猫，或是身材标准的猫咪，完全没有必要限制进食时间和分量。

猫的进食习惯

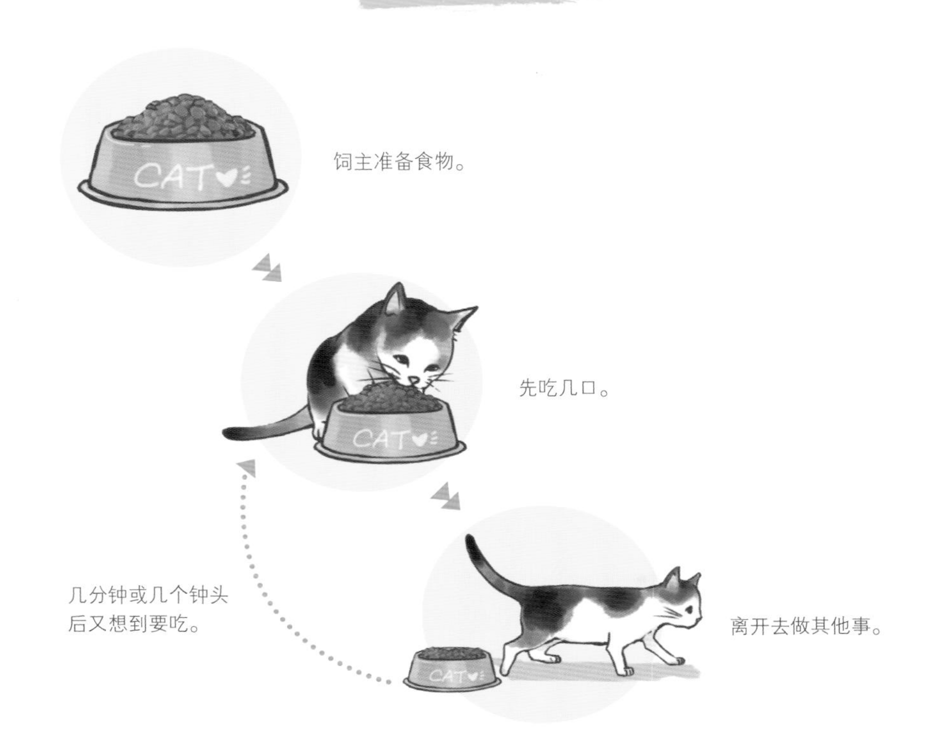

正常猫咪进食时，不会一次把食物吃完，也就是说即使饲主准备了食物在碗里，猫也不会一次吃光。它们通常是想到了就去吃几口，然后离开去做其他事情，过个几分钟或几个钟头之后，又回来吃几口。

这样说起来，猫咪吃饭就像是没有定性的幼童。人们可以要求孩子把碗里的饭吃干净再离开餐桌，但最好不要强迫猫咪像人一样，一天三餐定时定量。这违反了猫的天性，会给猫咪造成压力。

猫咪的压力，人是看不见的，但会累积在心理或生理上，对猫绝对不是好事。

所以，身为饲主，在制订进食方案前，请先确认你的猫咪处于哪一个生理阶段。如果需要定时定量管理，务必把握“少食多餐”原则。

现在坊间有一些自动喂食的产品，即使你不在家，也能帮你分段喂食。你可以设定好每次机器落下食物的最小单位（通常是5克）。而当你在家时，则选择手动添加干粮，或是准备足够猫咪多吃几次的湿粮，让猫咪能够符合天性地进食。

猫咪吃一顿饭的时间要多久

很多饲主询问我，“如果猫咪一餐饭没吃完，要等多久才能把食物收起来？”这个问题看似简单，但其实延伸出许多问题。

首先，会这么问的饲主，通常都希望能够妥善控制猫咪用餐的时间、速度。

但是安排猫咪进食，绝不是干涉它吃饭的速度、次数、时间。

依照猫咪食欲状况，每次准备5~20分钟内可以吃完的分量，让猫咪自己分次吃。

通常饲主担心食物变质，所以才需要把食物及时收起来。干粮一般不存在快速变质的问题，而湿粮的确需要收拾，所以想要在猫咪用餐模式和我们的生活习惯之间取得平衡，必须先观察猫咪的食欲。

猫咪的食欲好坏，经常跟天气有关。依照猫咪食欲状况，饲主每次准备5~20分钟内可以吃完的分量，让猫咪自己分次吃，食物也不会在这段时间内变质。

掌握喂食要诀

· 少食多餐。

· 饲主每日超过6小时不在家时，可留一些干粮在碗中。

· 若猫咪身形没有过胖，就不需要刻意限制进食量。

∴ 居家生活笔记 ∵

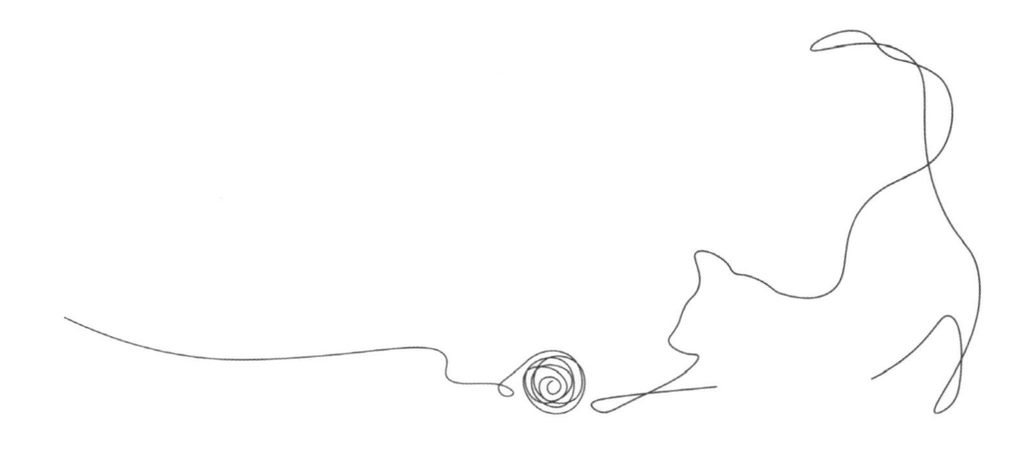

2
猫咪挑食怎么办

猫咪挑食很正常

猫咪对于食物非常讲究。当饲主调配食物时，如果水分多了10毫升，那么对于猫来说，就是完全不一样的食物了！

所以，有些饲主自己制作的鲜食的比例若有些许差别，猫好像比人还清楚。比例不同，猫咪闻一下就察觉出来了。当它觉得“这不是我要吃的那一份”，便会立刻掉头就走，留下满脸问号的饲主。

所以猫咪挑食，不只是因为在意食物配方与比例，还在意蛋白质的种类和比例，以及它生活的环境中，是否有其他更喜欢吃的食物。

掌握猫咪喜爱的食物，就不会感觉猫很挑食。

因此，我们要承认一件事，猫咪挑食很正常，有些是天生的，然而大部分是后天养成的结果。

对于人而言，挑食就是指只吃喜欢的食物，长期如此可能会造成营养不均衡的问题。

但猫的挑食行为和人类不同，猫咪的挑食，是挑选它喜欢吃的食物，如有的猫咪喜欢吃鱼，有的猫咪喜欢吃鸡。换句话说，饲主不用太担心猫咪挑食，只要懂得发现猫咪对食物的喜好，就能餐餐为其准备爱的食物。

当你餐餐都能掌握猫咪心中喜爱的食物时，就不会感觉猫很挑食了。

或许你会奇怪，挑食就是挑食，怎么猫咪挑食还有先天和后天的差别呢？这必须从猫咪挑食的原因开始说起。

先天性的猫咪挑食

先天挑食可能是因为每一个生命个体单纯的喜好，也可能是因为猫咪出生后受到了猫妈妈的影响，如猫妈妈给幼猫吃的食物是什么？带领它们捕猎的食物是小鸟或是老鼠？此外，在都市里能够搜寻到的食物残渣是什么，也会对猫的偏好产生影响。

这些情况，都能大大影响猫咪日后对于食物的接受度。

假设有一只超过一岁的猫咪从来没吃过鹿肉，那么当饲主把一个鹿肉口味的罐头放在它面前时，它会有什么反应？

一般来说，它极有可能闻一闻鹿肉的气味，然后掉头离开。

当然，也有很低的概率会出现猫第一次闻嗅过鹿肉气味后，食欲大开，大吃特吃。

仔细一想，猫咪和人很像。在各种方面，“年龄”经常起着决定性的作用。年龄越大的猫，就越不愿意去尝试新食物。

先天挑食与后天挑食对比

	先天性挑食	后天性挑食
	少见	常见
形成原因	· 纯粹的天生喜好 · 出生后受到猫妈妈的影响 · 习惯环境中只能找到有限食物	· 有不同的食物可选择
对新食物的反应	· **常见的反应**：闻一闻气味后，掉头离开 · **较少见的反应**：嗅过第一次闻到的气味后，食欲大开，大吃特吃	· 在多种食物中，凭直觉选择喜欢吃的

后天性的猫咪挑食

先天挑食对猫咪进食的影响其实不算太大，真正影响猫咪挑食的主因，都在于后天养成。猫咪进入人家庭后，吃到饲主给予的各种食物，有了对食物喜好的概念。

说起来有趣，每次有饲主来跟我谈猫咪挑食的问题时，叙述都大同小异。他们大概都是这样开头："老师，我家的猫咪以前很喜欢吃这种罐头（或者干饲料），所以我买了好多好多。但不知道为什么，它现在突然不肯吃了，看都不肯看一眼！"

如果你也有相同的烦恼，请你一起来思考以下两个问题：

1. 你家的猫咪从什么时候开始挑食？

2. 挑食期间，猫咪不可能真的绝食，它是靠着吃什么食物活下来的？

答案很快就出来了！环境中，如果同时存在一个喜欢吃的食物和另一个不太喜欢吃的食物，那么它只是做了一个非常简单的选择。

也就是说，当猫咪发现自己有选择的空间时，就会直觉选择它比较喜欢吃的那一种食物。

但有的饲主运气很好，如果刚好给予了猫咪心中喜好排位不相上下的食物，不管是什么，猫咪都会愿意接受，吃得干干净净。这时饲主就会感觉“我的猫好棒，它什么都吃”，也就没有挑食问题。

但这里必须说明，所谓“猫咪心中喜好排位不相上下的食物”，与营养和价格无关，只是它们单纯地判定好不好吃、喜不喜欢。

所以我经常听到饲主抱怨，“我买了好贵的、进口的、评价最高的饲料，猫咪却不肯吃一口，真是不识货。”猫咪不是不识货，只是它们的看法，和人们商业化的评价截然不同。

挑食的常见原因与对策

不愿意吃、拒吃	吃腻了	不饿
更换新食物时注意混合比例，每次新增3%~5%的新食物，或视情况判断是否需要更换新食物	每天更换罐头，不长期喂同样的食物	等到饿了再喂食，每餐之间不提供点心零食，不勉强猫咪进食

3

如何预防猫咪挑食

多方尝试，投“猫”所好

作为饲主，到底我们该如何避免猫咪挑食呢?

如果是从幼猫时期起就开始饲养，应尽可能让它尝试各种类型的食物，如干饲料、湿食、不同种肉类……因为猫咪年龄还小，很愿意尝试，也很容易接受新食物。这么做可以预防它长大以后排斥新食物，或是转换食物的“抗争期”过长，还能应对未来由于生理原因等而必须强制更换成处方饲料的不得已情况。

你的猫咪愿意吃的东西越多样化，你就越能掌握猫咪对食物的满意度。

让幼猫多方尝试各种食物、固定一种饮食所分别产生的影响

别忘了，猫咪的挑食和人挑食不一样。对于小孩挑食，父母可能会采用强制措施，但对于猫咪挑食，我们的解决方法是“投猫所好”，即找出猫咪的食物喜好才是最重要的。

5颗星分类法拯救猫奴

那么到底要怎么观察，才能确认猫咪喜欢吃什么呢?

我有一套经过多次实验，颇为奏效的方法，叫作“5颗星分类法”，可以供家有挑食猫的饲主参考。

猫咪不会说话，同样的食物有时候吃有时候不吃，弄得猫奴不知所措。这还不打紧，感觉每次丢掉被猫嫌弃的食物都在暴殄天物。

为此，我设计了一份测试过还颇实用的评分表（范例见下）。

评分表范例

罐头名称	猫咪1号	猫咪2号	备注
凯宴主厨火鸡肉	★★★★	★★★	可再次尝试
凯宴主厨鲑鱼	★★★★	★★★★★	加入猫的最爱清单
星球食馔鹌鹑	★★★★★	★★★★★	加入猫的最爱清单
天然奇迹鹿肉	★	★★	加入黑名单
安宝无谷牛肉	★★★★★	★	可再次买给1号吃

第一阶段

首先去一趟宠物店，买至少14罐不重复的罐头。如果你真的有猫咪挑食的困扰，应抛开以往选购的习惯，尤其是同样的罐头不可一次购买5罐、10罐，甚至整箱。除非你确定你的猫不爱吃某一罐，或是有其他原因不能吃某一罐，否则不必局限于某种肉类、成分，应大胆选购。我们不要被以往的认知给局限，现阶段最重要的就是尝试。因为罐头品牌、口味都不重复，所以几乎不会出现猫咪全都不吃而损失惨重的情况。

第二阶段

第二步就是开始评分。随便挑一罐当作今天的一餐，如果猫咪第一次接触这罐，掉头就走，或是闻一闻之后掩盖、抖手，可以先继续放着。假使经过几十分钟或几个钟头后跑去吃，那么代表这个罐头吸引力普通，我会备注为2颗星。

如果一个晚上都没有吃，或是只吃一口，代表这罐在猫咪心里大概就是零分了，给0颗星，因此以后再也不要买这一罐。若这罐头一放下猫咪就开始吃，还舔得精光，请给5颗星。4颗星的情况大概是放下之后，猫咪有马上吃，不过没有全部吃完就离开了，之后过段时间再回来吃一些。有时候有剩，有时候也会一次吃完。

第三阶段

两周后，你已经有一张值得参考的猫罐头评分表，就可以照着这张表格去采购。可以4颗星的买14罐，5颗星的买6罐，这20罐几乎不重复，这样天天都是相同等级的食物在替换，不会出现每日食物等级落差太大的情况。也避免猫咪原本喜欢，但是接连好几天吃一样的罐头导致吃腻的问题发生。

观察猫咪饮食喜好三阶段要点

进程	第一阶段	第二阶段	第三阶段
该如何做	购买至少14罐不重复的罐头	开始评分。 任选一罐当作今天的一餐，如果猫咪第一次接触这罐，掉头就走，或闻一闻后掩盖、抖手，先继续放着	两周后，已经有一张值得参考的猫罐头评分表。 按这张表格，选购4和5颗星的罐头
叮咛与提醒	→请勿同样的罐头一次买5罐、10罐，甚至整箱。 →除非确定猫咪不吃特定的某种罐头，或有其他原因不能吃某些罐头，否则不应局限于某种肉类、成分，任何罐头都应大胆尝试。 →现阶段最重要的是尝试。购买的罐头都不一样，不太会出现猫咪全都不吃而损失惨重的情况	→ 评分基准： ★★★★★ 5颗星 罐头一放下就开始吃，舔个精光。 ★★★★ 4颗星 ★★★ 3颗星 放下后马上吃，没有全部吃完就离开，过段时间又回头吃。有时会剩下，有时一次吃完。 ★★ 2颗星 ★ 1颗星 没有马上吃，几十分钟或几个钟头后才跑去吃，吸引力普通。 ☆ 零颗星 一个晚上都没吃，或是只吃一口	→ 4颗星的买14罐，5颗星的买6罐。 →购买的20罐都不重复，且都是相同等级的食物在替换，不会有食物等级落差太大的问题，同时避免连续几天吃同样罐头而吃腻的情形。 →仍然需要继续尝试，每次采购时，增加3~6种不重复的新罐头到清单中进行评分。 →持续扩充猫咪专属的最爱罐头清单

当然，你需要继续尝试新的罐头，每次采购的时候增加3~6种不重复的新罐头，再继续评分。这样你就有一份完美的最爱罐头清单，不怕不知道猫咪爱吃什么了！

让它挨饿不是好办法

别做傻事了！不少猫奴进行饿猫的后果，就是不但没解决猫咪挑食的问题，还导致了其他问题行为，如喵喵叫、破坏柜子、乱咬东西、咬其他猫同伴……你不会猜到你的猫会因为不满意食物而用什么方式表达，所以千万别用让猫饿肚子的方法来处理挑食问题。尤其还要考虑猫咪的年纪，突然改变饮食习惯对猫来说是一件很莫名其妙的事情。

按照人类的逻辑，猫咪不会把自己饿昏，所以没有选择时通常是乖乖就范，只好吃那个它不爱但是你希望它吃的食物。可是，养在家中的室内猫，它完全知道你那柜子里不只有这样食物，并且饲主对于它的喵叫是有反应的，所以用饿它这招早就被猫咪看穿。接着，如果猫咪饿太久（超过10小时），可能还会呕吐出一些液体，饲主最终会因担心猫咪健康问题，又赶紧去拿出它爱吃的那款食物。最终，猫咪绝食抗议成功，饲主彻底被打败。

∴ 居家生活笔记 ∵

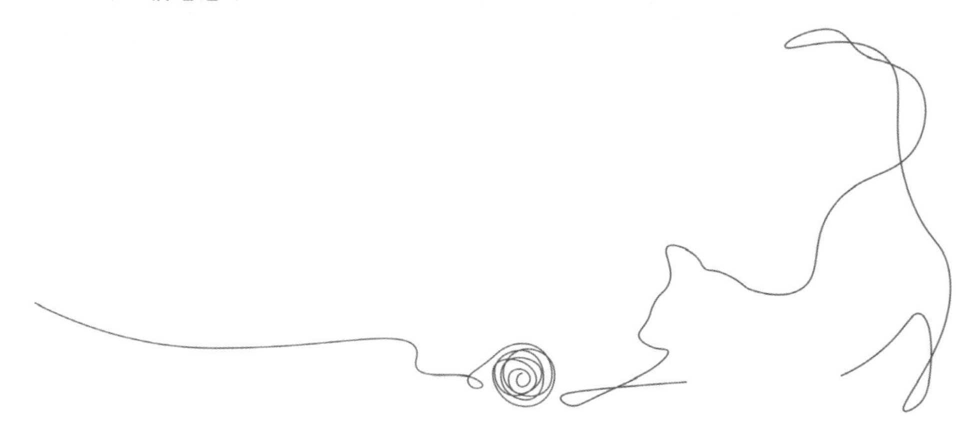

4

为了健康，是否要经常更换猫咪的食物

定期更换食物可降低风险

现在饲主普遍都喂猫咪吃商品化的食物，这些宠物食品的安全问题也是猫奴们担忧的。基于降低风险的考虑，定期更换食物是不错的，不过干粮和罐头的更换周期不太一样。干粮的周期大概是3个月，短于三个月就太频繁了。除非你非常了解猫咪愿意吃的干粮饲料，或是完全没有挑干粮饲料的行为，那可

干、湿粮更换频率

	干粮	湿食
更换频率	3个月为一周期	一餐或一天可吃完的小分量，吃完即可尝试更换
注意事项	- 若非常了解猫咪喜好，或完全不挑食，可以吃完一包就换一种 - 如果猫咪对食物有明显喜好，以短于3个月的频率更换饲料，猫咪越来越挑食的概率较高	- 以相同等级的湿食天天替换，不至于造成挑食不吃的情形 - 由于多半是小包装，偶尔一两次没选中猫咪喜欢的口味，最多也就是一两餐不太吃，影响较小

以吃完一包就换一包。但如果你的猫咪对食物较挑剔，却以每月一次的频率更换干粮饲料，这样会有很高的概率导致猫咪越来越挑食，严重挑食的猫咪也会因此瘦一大圈。

不过，湿粮就不一样了。因为大部分的湿粮都是小包装，即一餐或是一天可以吃完的分量，只要了解猫咪食物喜好的等级（详情见第22～25页），把相同等级的天天替换，这样并不会造成挑食不吃的问题，偶尔一次两次没选中猫咪当天喜欢的口味，最多也就是一两餐不太吃，不会像对待干粮饲料一样长期抗战天天不吃。

但想要解决任何的问题都需要优先考虑猫咪的生理状况。像吃处方饲料的猫咪们需要遵照兽医指示，如果猫咪状况好转，可以和兽医讨论是否渐进式更换食物。

更换食物只要是能抓准猫咪的味蕾，又不造成浪费和过度挑食，的确满足猫咪生活中小小的新鲜感、期待感。尤其对于爱吃的猫咪而言，这是一件能令猫咪开心的事情。

猫咪无痛转食法

喂猫最简单的方式就是找到它爱吃的食物，然后满足它。遇到涉及健康而需要转换食物的问题，像是食物过敏、减肥、需要多摄取水分等，就要有技巧地让猫咪妥协，变更猫咪每天期待的美食。说白了，就是为了猫咪的健康，不得不打这场硬仗。

混合法

假设从旧干粮转换成一款新干粮，可以直接将新干粮放在猫咪面前。如果猫咪当下立刻尝试新干粮，代表这个口味猫咪完全接受。那么，接下来每天增加10%新干粮混入旧干粮中，10天后就完全转换完成。虽然猫咪当下马上接受

新旧干粮转换混合法实施要诀

立刻尝试新干粮 → 每天增加10%新饲料混入旧干粮 → 10天后可转食完成

直接将新干粮放在猫咪面前

兴趣不大或完全不吃

→ 将新干粮以3%~5%的比例混入旧干粮。如果顺利地将混合干粮吃完，每2~3天增加3%~5%新干粮 → "缓慢增加"使猫咪习惯，以完成转食目标

→ 若以往转换食物很容易被猫咪识破，而失败收场，则从每次只添加5~8颗新干粮开始 → 若连续一周只挑出旧干粮吃掉，精准地只剩下新干粮，就直接找一款符合猫咪生理状况且与旧干粮等级相当的新干粮

了新干粮，但还是要慢慢增加新干粮的比例，不可一次性全部换新，原因在于猫咪的肠胃一时之间可能不适应新干粮。或是家里一只猫，也必须同时考量其它猫咪的意见。

如果猫咪对新干粮兴趣不大，或是完全不吃，就直接将新干粮以3%～5%的比例混合进旧干粮。接下来，观察猫咪进食的状况，如果猫咪顺利将混合的干粮吃完，再接着每2~3天增加3%~5%的新干粮，以这样缓慢的速度来让猫咪习惯。这里成功的关键点是"缓慢增加"，对于一种接受度低的食物，需要拉长时间让猫咪去适应。如果这只猫咪对新干粮很敏感，饲主转换食物时很容易被识破而失败收场，就需要用更慢的方式进行，哪怕从只添加5~8颗新干粮开始。

混入极少的新干粮的用意并不是要蒙骗过猫咪，其实它们的鼻子完全能嗅出当中的任何一点变化，而是要让猫咪在能接受的最低程度的变化中使它习惯，用足够的旧干粮的味道去刺激猫咪的嗅觉，使猫咪愿意进食，而进食当中也一起吃进新干粮，从每次吃进新干粮的经验中去适应。

还有一种就是饲主最不想面对的结果，即猫咪连续一周都把旧干粮吃完，精准地剩下那几颗新干粮，完全没有进步。这时候，我们也不再做无谓的挣扎，再找一款符合猫咪生理状况且与旧干粮不相上下的新干粮吧！

旧湿粮转新湿粮也是采用一样的方法，但和干粮唯一的差别是你可以先从微量汤汁开始添加，并且均匀搅拌，这样就不会陷入被猫咪分离挑出的窘境。此外，添加新湿粮还有一个秘诀，那就是在混合好的食物最上方铺上一小茶匙旧湿粮，目的是让猫咪先用鼻子确认食物是否合胃口。只要通过猫咪最严格的嗅觉检查，就有很大的概率提升猫咪开吃的欲望。

转食顺利与否和时间快慢与猫咪年龄有极大的关系，年纪稍长的猫咪对于新的食物较不愿意尝试，且已经有了既定的食物喜好。另外，学习经验也会影响转食的进行。例如，学会挑食的猫咪，以往都是用长时间喵叫来向饲主抗

议，坚信饲主坚持不过半天就会拿出它心目中的美食来投降。

如果你的猫咪已经有这样的行为，请把握两个大原则：一是确认它可以接受的食物口味，新的食物不要和旧的食物等级落差太多，这样很难抗衡，会增加失败的概率。二是把握缓慢原则，并且坚持不投降，给予其他美食，一次都不行。

提醒大家，如果能够找到一款新的食物，是符合猫咪生理状况，能吃并且爱吃的，转换食物这件事就会变得相当轻松，而不要把重点放在方式和步骤上。现在市面上的猫咪食物五花八门，全都是为了迎合猫咪挑剔的味蕾，减轻饲主的苦恼。

要怎么分辨猫咪喜欢的食物类型

猫咪饮食中最主要最关键的成分是动物性蛋白质来源，可以从几个大方向区分辨别。

第一关，先分辨肉类（适用罐头、干粮）。一般常见的肉类有：两条腿的禽类，如鸡、火鸡、鸭、鹌鹑、鹅；鱼类，如鲑鱼、鲔鱼、鲭鱼、鲣鱼、沙丁鱼；海鲜，如干贝、螃蟹、虾；四条腿的哺乳类，如牛、羊、猪、鹿、兔。

第二关，分辨出形态（适用罐头、餐包）。有些市售主食罐头会制作成肉酱状或是肉泥状。另外，有些市售餐包或副食罐头，则会保留肉原本的形状和外观，看得出这是一片鱼肉或是一丝丝鸡胸肉。

第三关，分辨出产地（适用罐头、餐包）。这并不是说猫咪偏爱异国料理，而是这些异国料理可能刚好出自同一工厂，配方大同小异，味道也就大同小异。注意包装上标示的产地。

第四关，口味浓淡（适用罐头、干粮）。虽然口味只有猫咪心里最清楚，不过我们还是可以稍加判断。有些罐头汤汁较多，或是饲主为了让猫咪多摄取水分另外加入较多纯水，导致味道变淡，这会是影响猫咪食欲的因素之一。干粮则可以从颜色来区分。通常含肉量较高的颜色较深，味道也较重。相反的，使用烘焙方式制作而成的成品，或是低热量、含肉量低的，则颜色会较浅，并且放在卫生纸上不会出现油渍，味道通常较淡。也可以查看包装上标示的肉含量来对照。

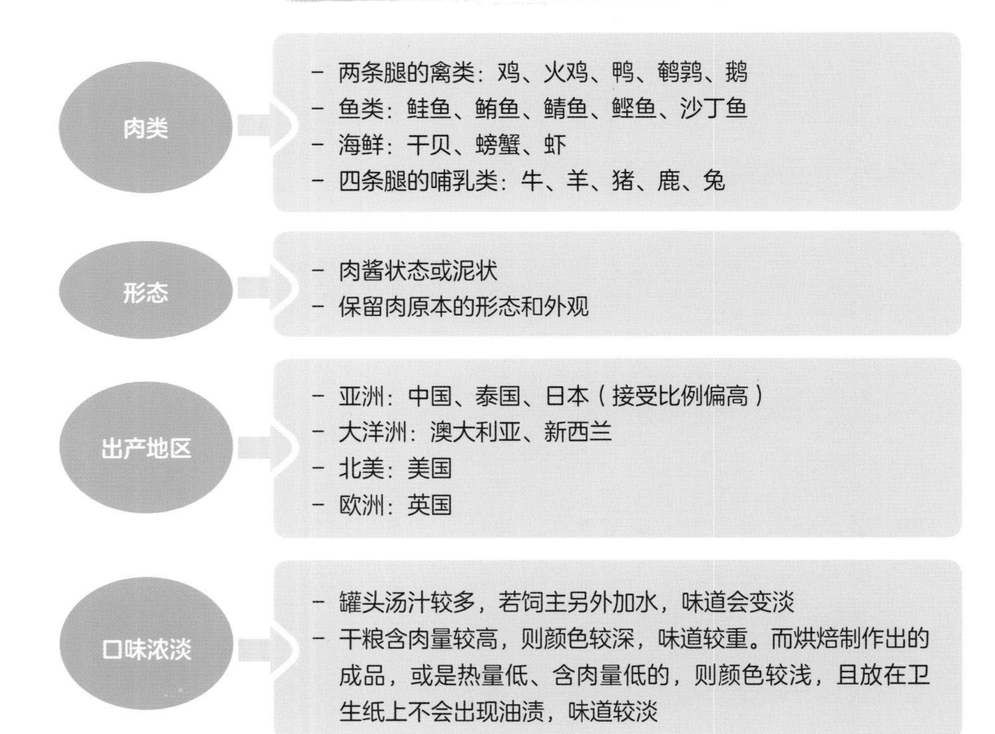

猫会因为吃了罐头就不爱吃干粮了吗

猫咪是挑食出了名的宠物，于是出现各种“预防猫咪挑食”的传说。

我曾经遇过学生询问：

“老师，听说不可以给猫咪吃到鲔鱼，不然它就只吃鲔鱼，再也不吃其他食物，是真的吗？”

“那你的猫挑食吗？”

“非常挑食，也非常困扰我。”

“你给它吃过鲔鱼吗？”

“从来没有。”

“所以挑食和吃不吃鲔鱼没有关系，事实证明没吃过鲔鱼的猫还是会挑食。”

猫咪喜欢吃的食物，都是从现有环境中出现的食物中挑选出的。无论鲔鱼还是鸡肉，无论罐头还是干粮，只要猫咪喜欢，就都会选择。同样，也有不少猫咪吃了干粮不爱吃罐头，或者吃了零食不爱吃正餐，无论哪一种结果，其实都是食物之间的比较。

所以，各位猫奴别把重点放在限制猫咪吃某一类别的食物，而应该淘汰掉猫咪无法接受的食物，继续寻找猫咪喜爱的类别，以解决挑食的问题。

∴ 居家生活笔记 ∵

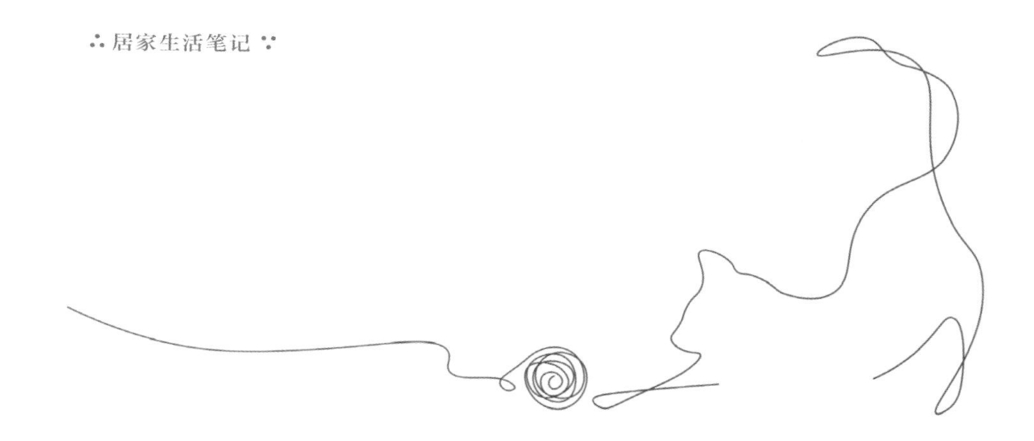

5

猫食千百种，到底该如何选择

幼猫食量不比成猫小

市面上这么多猫食，其实就是为了因应猫咪不同的需求，以及饲主喂食的便利性而制造出来的，因此没有哪一种是“最好”的。但我们可以依照年龄、生理状况、饲主作息挑选出“最适合”的。

还在发育的幼猫，直到一岁以内都可以让它尽情地大吃大喝，不用限制热量和食量。别以为幼猫就吃得比成猫少，其实是随着年纪增长才越吃越少。所以，幼猫饮食不应设限，维持足量与多样化是最好的。

多样化对幼猫来说很值得实行，主食罐头、副食罐头、生食、干粮、冻

挑选猫食时必须考虑的因素

猫咪年龄	猫咪生理状况	饲主生活形态
幼猫到一岁以内可尽情吃，不用限制热量和食量	若肠胃敏感、容易拉肚子，则不能急于尝试各种食物	根据饲主作息可执行的喂食模式，找出兼顾理想与现实的适当饮食

干，把这些不同类型的食物都给猫咪尝试，就是食物多样化。假如一只猫咪三四岁了都不曾尝试过生食，那么未来对生食的接受度就有可能很低，转换食物时就必须花较长时间方可让猫咪接受。

所以，最好趁着猫咪年纪小的时候多方尝试，避免长大后不接受没吃过的食物。

有些两三个月的小幼猫肠胃敏感，容易拉肚子，粪便时常水分较多没有成形，但经兽医确认过没有寄生虫感染或其他肠胃疾病，那么这时就不能急于尝试各种食物。需要从单一食物开始循序渐进，等有稳定的肠胃道以后才能再增加一种。

挑选食物时可以看成分，包装上标示的成分类型越多就代表越复杂，而成分越单纯的则越不容易增加肠胃道负担。市售干饲料通常会由二三十种成分组成，担心猫咪肠胃适应不良的，可以先尝试单一成分的干燥脱水鱼块、干燥脱水鸡肉等，每天一小块，等确没有不良反应才逐步增加。

结扎后的胖猫咪怎么吃

大部分的成猫都会进行节育手术，这会改变猫咪体内的激素，并使其代谢变慢，所以每一只结扎过的猫几乎都逃不过发福的命运。无论有没有节育，我们可以从外观来判断猫咪体态，先知道胖了还是瘦了，才知道接下来怎么调整。如果由上往下俯看一只四脚站立的猫，略有腰身就是标准身材，肚子向两侧微微凸起就是微胖。也可以将手放在猫咪侧面肋骨上滑动，看看是否能够摸得出肋骨，以及是否能够摸得出背上一节一节的脊椎，能轻易摸出骨头代表是理想范围。

猫咪的体重不是评断胖瘦的绝对标准。和人一样，有些猫咪浑身肌肉，体型和其他猫咪看起来差不多，但抱起来很沉，实际体重也确实比较重。如果你的猫咪只是体重比较重，身形却结实，就不需要强迫它减肥了。

体态评分图（BCS）

减肥，猫咪是无法痛快接受的。我经常遇到被兽医宣告要减肥以保持健康的猫咪，回家后开始产生过度喵叫的问题，原因就是饲主突然改变了食物的分量以及给餐的次数，猫咪开始用喵叫讨食。因此，帮猫咪执行减肥计划是需要技巧的。

猫减重期的饮食调整方式

猫咪吃多少饭，是以量为基准，也就是猫咪一餐要吃30颗饲料（或30克），它就必须要吃到这个量才会觉得满足。如果我们直接把这个量减少了，它肯定会发现，更不用说少吃一餐了，饲主准会被抗议的。所以，假设这30颗饲料每一颗含1卡（1卡≈4.186焦），猫咪就会摄入30卡的热量，当我们挑选的是低热量的饲料，每颗含0.7卡，猫咪吃下它需要的30颗饲料时，既得到满足又只摄入了21卡，便能悄悄地瘦下来。

每千克不超过3700卡，算是低热量的食物；每千克超过4000卡，就算是高热量食物了。对一只减肥猫来说，挑选低热量食物是关键，供餐的方式也可以微调。如果一天原本供餐8次，那么改为7餐是一个方法；或是把这8餐的每一份都减少10%，这样的调整对猫咪来说都是微调，还可以接受。但若原本供餐3次，直接改为2次，猫咪就会对这样的落差提出抗议。

∴ 居家生活笔记 ∵

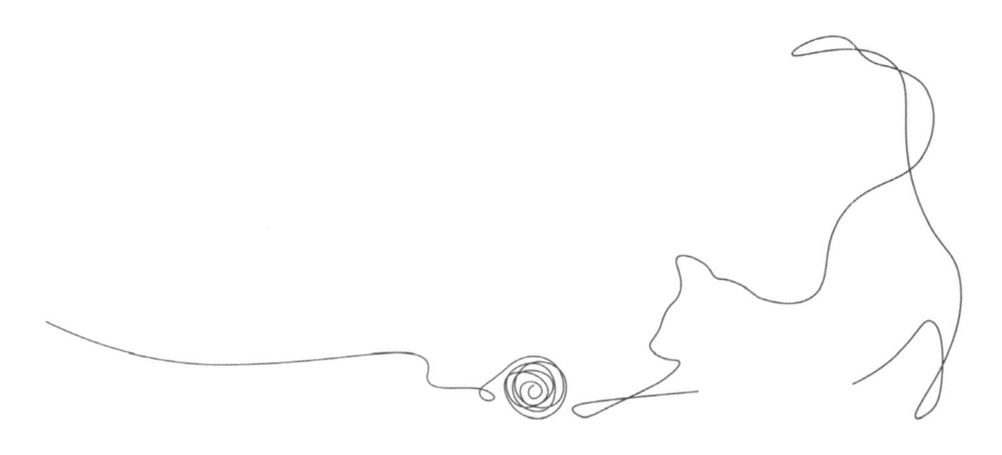

6

猫咪超爱吃零食，该怎么办

“零食”的定义

首先恭喜你，你已经发现了猫咪的喜好，比起找不到猫咪爱吃的食物，观察到它爱吃零食是一件好事！我想你担心的，应该是猫咪会不会因此而不吃正餐，或是吃太多零食而变胖，其实这些担忧都源于你拿人的标准来定义“零食”。谁说零食一定是不健康的？谁说吃零食一定会发胖？

对猫而言，其实没有所谓的正餐，只要它想进食，每一餐都是正餐。当然猫咪也不需要去分辨这是夜宵、点心还是下午茶，它只知道这是喜欢或不喜欢的食物。所以，找到猫咪喜欢吃，并且你认为健康的食物，限量、少量给予，就可以让这款食物发挥“零食”的作用。举例来说，在宠物展拿到了新款饲料

零食可发挥的用途

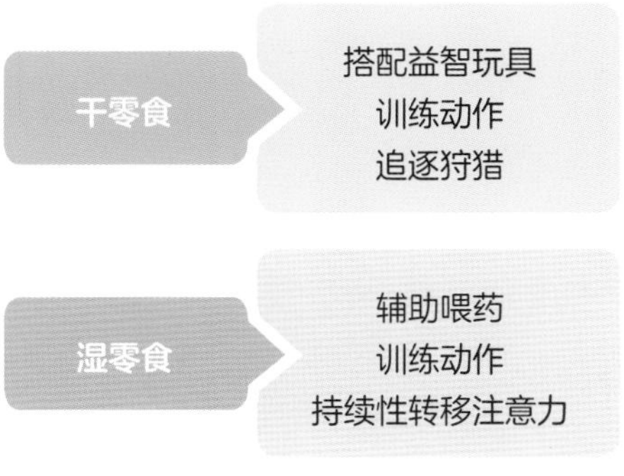

干零食
搭配益智玩具
训练动作
追逐狩猎

湿零食
辅助喂药
训练动作
持续性转移注意力

试吃包，发现猫咪超级喜欢这个口味的饲料，表现得很激动，你就可以把这个诱惑超大的饲料当作零食，限量给予。也可以充分利用在动作训练、引导出门的猫咪回家、放在益智玩具里面让猫咪消磨时间等。

记住，零食的价值在于口味诱惑力大，并且难以获得、限量提供，我们暂且将这3个要点称为“零食金三角”，且出现频率不可大于一天一次。如果一款猫咪原本很爱吃的食物，一天连续好几次慷慨地送到它面前，几天后，猫咪就会认为这是取之不尽食之不竭的食物，便会渐渐降低对此食物的欲望。

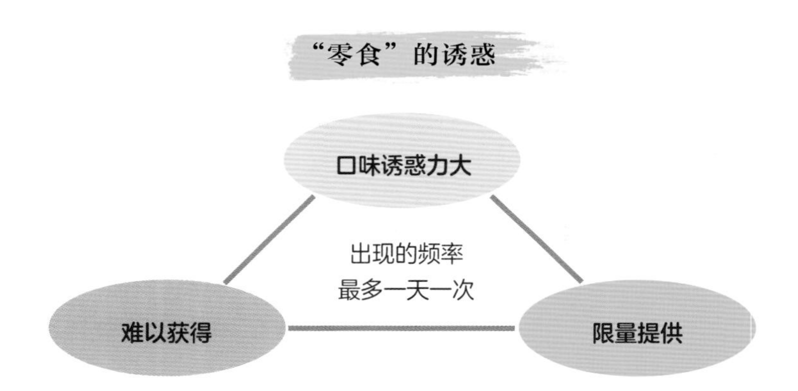

零食的选择和用法

养猫新手常常问我有没有推荐的零食，当然有！我的猫告诉我上百款的好吃的零食，但要推荐给你的猫，我就会小小担心。要是我推荐了两款，但刚好你的猫都不赏脸，那可真是尴尬，所以通常我会补充说明：“这几款零食许多猫咪都接受，成分也单纯，吃多吃少没负担，不过猫咪吃不吃，还是要试试看才知道。”我想，养猫除了要有基本常识，对于猫不喜欢的东西饲主需要默默

利用益智玩具让猫咪自己取得零食，
可满足猫咪狩猎的天性，同时增加活动量。

接受，不要期望太高也不要得失心太重，培养出再接再厉的精神，才不会被猫打败。

其实，关于零食的选择只有两个重点：猫咪喜欢和吃了不会过敏或拉肚子。其次，可以考量成分会不会导致肥胖以及自己的经济是否允许。如果猫咪刚好都喜欢偏贵的零食，倒也不必纠结，越贵通常给予量越有限，这样正好就构成了“零食金三角”。

∴ 居家生活笔记 ∵

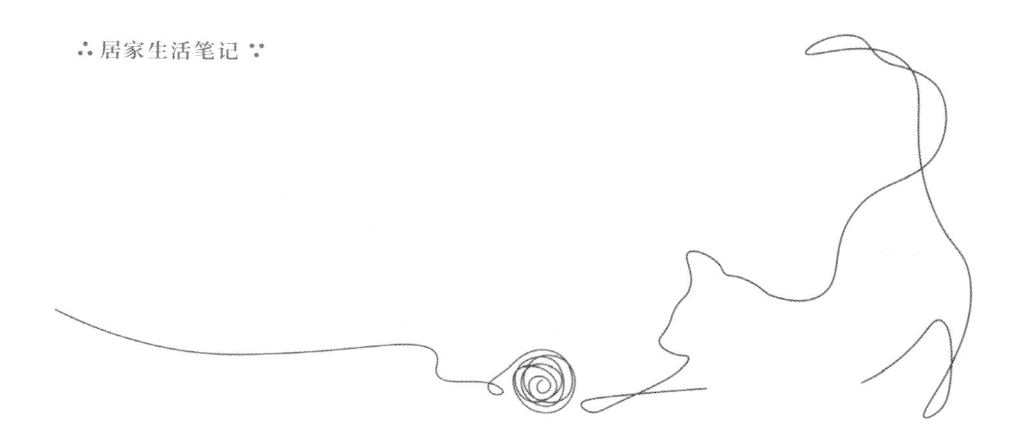

7

猫不爱喝水怎么办

没有主动摄取水分的习性

猫咪不爱喝水，更准确地说是猫咪不习惯主动摄取水分。因为它们的老祖先一直都是从猎物本身摄取水分，在吞掉整只老鼠和小鸟的过程中，获取猎物身上一定比例的水分，所以猫咪不太会因身体缺水而积极寻找水源喝水。

水碗放哪好

对于不太主动喝水的猫，一定要把水碗放在它最常活动的地区，例如每天下午会去晒太阳的窗台边，或猫经常经过的动线。因为猫咪的活动范围是立体的 3D 空间，故可以将水碗放置在地面以上的任何台面，除了可以让猫咪在高处取得水资源以外，对于还在培养信任度的猫咪也提供了更多的安心地区的选择，减少其因为害怕而不敢到地面喝水的情况。

我们的目的是让猫咪多喝水，那么一只猫需要几个喝水区才够？假设猫咪在家中的活动范围有3个隔间，像是三房两厅，可以在每一区都各放一个；如果猫咪几乎不会待在某一个房间，只是偶尔进去巡逻一下就出来，那这个房间可以不放。无论居住空间大小，一只猫咪最少要配有2个喝水的水碗，并且分开放置于2区。

水碗摆放位置

在猫咪经常活动的区域放置水碗。

在猫咪常经过、休憩的动线放置水碗。

这样的水碗猫咪满意吗

将水碗放置好之后，可以观察一两周。如果猫咪完全没有碰过某一水碗，可以考虑将它换位置。或是猫咪喝水量和尿量已达到标准，则可以将这个水碗撤掉。

除了水碗的位置，水的新鲜度也很重要。自从人类发现猫咪喜欢喝流动的水，就发明了循环饮水机（流动式饮水机），虽然这里的水是流动的，还能自动过滤毛发、灰尘，但是猫咪在意的可不止这些，最重要的还是水质是否新鲜。

若是同样的一滩水，哪怕两三天中不断循环流动，对猫咪来说还是没有马桶、水龙头里的新鲜。因为水龙头、马桶、洗手台上残留的水滩几乎每几个小时就会更新，相较于你为它准备的水碗里的水，实在新鲜太多了！所以，每日至少更换 1 次新鲜的饮水给猫咪，才能满足猫咪对水的要求。

为什么猫咪总是从我的马克杯里抢水喝

相信你一定有帮猫咪准备专属它的水，但是它却还是来喝你杯里的水。

“一样都是水啊，为什么比较爱喝我的？”这是你的疑惑。

“马克杯里的水永远是最新鲜的，又放在最显眼的位置，我喜欢跟在饲主身边，喝水真方便！”这是猫咪的心里话。

想想看你的水和猫咪的水哪里不一样？猫咪分辨得出这是自来水、煮沸的水、放了8小时的水、放了超过1天的水，还是别的猫喝过的水、鱼缸的水……所以，你需要观察猫咪喜欢喝哪种水，大部分应该都会选择新鲜的。

这里需要注意的是，绝对不能买矿泉水给猫咪饮用，因为不确定里面的矿物质含量，长期饮用可能会给猫咪身体造成负担。如果买饮用水的话应选择蒸馏水，或是用家里烧开的水供应给猫咪。

再者是容器。有些流动饮水器会溅起水花，再微小的水花只要令猫咪不开心，都有可能成为它拒绝使用的理由。如果你还不确定猫咪喜欢哪一种容器，或是希望选对容器让猫咪多喝水，可以准备比猫脸还宽的瓷器来试试看。理论上猫咪喝水时，喜欢不用把头埋进去的杯子，但如果你的猫已经跟着你生活一段时间，并且习惯并接受了马克杯，也不必非得换一种容器。记住，生活中所有的变动都要优先考虑猫咪当下的习惯。

第二章

猫咪的“住”，大有讲究

如果猫咪半夜不睡觉，你一不在猫咪视线范围它就不停喵喵叫，或是经常搞破坏等，这些看似问题行为的状况，其实一半以上都和环境有关。

猫咪虽然是绝佳的陪伴宠物，但因为天性，来到人类的居住环境仍然需要和你互相磨合。我们的抽油烟机让猫咪看了想逃，杂乱的储藏室猫咪看了想躲；我们认为安静且安全的家，对猫咪来说实在好无聊，没有风可以吹，也没有花草可以闻。

最重要的是没有活动的物体供它们满足每日狩猎需求，于是猫咪会把大量的注意力跟精力都发泄在你认为不妥的地方，造成你的困扰。

8

猫宅施工中

生存资源与动态环境的安排

理想的室内猫生活环境，除了生存资源要富足，还要有供其上下垂直活动的空间、可以攀爬的制高点、动态的环境。

像是水、食物、砂盆、休息区、藏匿区这些和猫生存息息相关的用品或区域，我们称之为猫的生存资源。当然，如果你的猫特别在意羽毛玩具、猫草球、晒太阳等，这些也算是生存资源的范畴，我们都可以把它理解成猫咪的财产。

而动态环境是指由风吹草动带来的各种气味、虫鸣鸟叫带来的各种细微声音，还有其他小动物活动的景象，这些大自然中存在的动态环境不一定容易取得，取决于你居住在都市还是郊区、采光欠佳的楼房还是四面采光的住

可尝试将阳台布置成可休憩的半户外

家。如果户外就有这些自然景象，那就变得简单多了，你只需要将窗户打开通风，将阳台布置成可以休憩的半户外状，那么猫咪就有一个现成的动态环境了。

相反的，如果房屋没有对外窗，屋内也没有任何的流水、小生物，只有饲主在家活动时，方能对猫咪形成一个动态的状况，那么在这样的环境中就会让猫咪渐渐地只依赖饲主。如果饲主长时间不在家或是晚归，就会对猫咪造成较大影响。因为猫咪无事可做，特别是对年龄较小的猫咪而言，就会把精力集中消耗在饲主回家的这段时间。通常出现这类的状况的饲主都会抱怨："我没看过我的猫熟睡。"

提供动态环境的目的，是让不能外出的猫咪有感官上的刺激，即便是一阵风把落叶吹落，都能将猫咪吸引。它们先是会让胡子往前延伸，全神贯注地盯着看，有时候也会压低身体盯着看，计算距离，可以的话会做出埋伏状。即便是行人、车子、看似无聊的风景，都能作为一只猫每日能专注的对象。除了看到其他陌生的猫咪，任何景物都能给你的猫带来欢乐。

猫咪生活需要的标配

透明对外窗 / 落地窗

对外窗的风景对猫咪来说就像是看电视一样有趣。不难发现，猫咪会在窗边待一个下午，或是挑有太阳的时候来做日光浴。有些猫咪甚至会像蜘蛛一样挂在纱窗上，这是因为它认为爬高才能看到它所好奇的世界。所以，将窗户视为猫的一个重要资源，把窗户布置成猫咪可以好好休息的区域是必须的。

两个砂盆

部分的猫咪习惯将排尿和排便分别在两个地点进行，因此准备两个砂盆分开在不同地点摆放，可以观察出你的猫有没有这个需求。即便猫咪在两个砂盆都

客厅住宅猫化示意图

有排尿和排便的习惯，摆放两个在不同地点还是必要的。万一其中一个砂盆较脏时，猫咪还有第二个砂盆可以使用。或刚好其中一个砂盆所在地点出现猫咪遇到不敢过去的情况，例如家里有陌生人，也能让猫咪还有另一个砂盆可以使用。

两个水碗及两个食盆

这里所指的两个，是指两个碗在不同地点。如果两个碗并排或是同放在碗架上，按照猫的逻辑就还是认为只有一个。

几个专属睡窝

猫咪会在家里自己寻找喜欢的地方睡觉。沙发、床、柜子上，不时都可以发现猫咪正呼呼大睡。那么为什么还要准备专属睡窝呢？如果家里的成员较单纯，并且猫咪对每一位家人的信任度都很高，共同使用沙发或床不会有冲突。

但若是胆小怕生的猫咪遇上了陌生人来访，沙发就不方便供其使用了。这时，猫咪又没有其他好的选择，就会失去好好睡觉的区域。当然如果家中还有很多其他睡觉区，这个影响就不大。如果不是特地买宠物睡窝，但是把家里某一个抽屉或是某一张椅子专门准备给猫咪使用，那么这个专属睡窝也是可以的。

几个猫抓板

猫咪在家里经常活动的区域会通过磨爪来进行标记，标记的点遍布整个家。我们以区域来看，客厅算是一个区域，房间算是一个区域，只要是猫咪使用率高的区域，都会需要在此处留下抓痕。所以，在客厅放了猫抓板而房间没有，猫咪就会在房间寻找适合的材质磨爪，并不会为了磨爪而跑去客厅抓抓板。磨爪用品建议每一区至少准备一两个，如果住家是有楼上楼下这样分层的空间，每一不同楼层也是要在每一区放一两个，但可以忽略猫咪几乎不使用的空间。

1. 现有的窗户可以加装铁架让猫咪可以爬上去，由高处往下俯视。
2. 落地窗可以安装吸盘吊床，这样猫咪才能看得到风景。
3. 或是将猫跳台、置物柜放在窗边，给猫咪一个好视野。

安全庇护所

庇护所的定义是猫咪认为这个地方是最安全的，只要躲在这里就能够躲避所有危险。这个不需要特别替猫咪准备，猫咪会在家中自己找到它认为隐密的躲藏区，大多是床底下、沙发底下、柜子上方或更衣室里。我们只需要在猫咪躲起来时，完全不看它也不把它找出来就可以了！这样就会使猫咪认为这是一个它能够好好躲藏的地方，一旦遇到突如其来的惊吓，就有个藏身之处。反之，如果把猫咪找出来，就会让猫咪认为无处可躲，剥夺了猫咪的安全感。

家里有许多可供跳上跳下的物品了，还需要猫跳台吗

跳台的功能不只是给猫咪上下跳跃，主要是跳台的材质能供猫咪爬、抓，而且其造型像树一般地展开还能供其休憩和躲藏。猫跳台的材质几乎都是非常吸引猫咪的粗糙面，能够满足猫咪尽情攀爬和破坏的欲望，可以说是养猫的必需品。

9

沙发保卫战

猫咪为什么爱抓沙发

沙发的天敌我想应该就是猫，此外电脑椅、餐椅等各种椅子都无法幸免。而我最常听到饲主无奈地表示：“我已经买猫抓板给它了啊！可它还是抓沙发。”我也亲眼见过各种标榜可防猫抓的沙发被抓到“见骨”，不夸张，就是泡棉被掏空，可以看到里面骨架的这般程度。

你问：“猫爱抓沙发是天性吗？”我会说：“是！”既然是天性，能够改变吗？在我们与猫的相处过程中，经常以妥协来换取共处的和谐。强调顺应天性也并不是任由猫咪给自己生活带来负担，而是应了解猫咪抓沙发的原因，然后给予

应对的方式。这样的理念不只用于保护沙发，还用于生活中的其他大小冲突。

先来了解猫咪为什么抓沙发。

表面上来看，大家了解猫咪有磨爪的需求，而磨爪真正的目的是留下指尖信息素。信息素是一种存在于猫身上，由多种成分组成的气味。猫咪就依赖信息素来表达自己现在的状态，也达到传递讯息给同类的作用。磨爪在沙发上，可以用气味留下标记，同时也留下抓痕产生视觉上的标记。这些标记行为，就是猫咪每天必须完成的事。

磨你的猫抓板，拜托别打沙发的主意

你知道你的猫咪偏爱抓哪一种材质吗？瓦楞纸的触感我想是符合大多数猫的需求的，再来是剑麻材质、香蕉叶材质、十字交织布料的地毯，网状电脑椅，瑜伽垫……这些都是会被猫咪锁定的类型，它们的共同点是有细微的孔洞，是猫咪最佳的磨爪神器。

如果你还没选购沙发或是考虑换一张新沙发，可以选择本身材质不吸引猫的，这样防止沙发被破坏的成功率就很高。因为沙发的面积非常大又非常舒适，就算再怎么进行环境管理，当猫咪踩踏过并发现这是它喜爱的材质，就很难克制其天性的呼唤。因此，请不要选择猫咪喜爱的材质，特别是十字交织布料的。

猫咪抓沙发时还有一个习性，就是它绝对会在自己睡觉地点附近磨爪。这里不是要大家禁止猫咪睡沙发，我认为这比解决抓沙发难度更高！我们可以为猫咪准备其他休息区，大大增加它去其他地方睡觉的概率，那么就会让猫咪不那么坚持在沙发这里睡觉、磨爪。

假如你真的很希望可以和猫咪一同在沙发上看电视，共度美好时光，可以在沙发扶手上盖上一块它爱抓的毯子或放置一个嗜睡窝，等于在沙发上指定区

域让猫咪保有自己的小座位。这可以让已经很习惯来这边磨爪的猫咪好好地磨你可以接受它磨爪的物品。如果你还希望沙发保有专属于人类的视觉美感，可以挑猫咪爱抓的布料制作成抱枕，将这两三个抱枕大方地摆在沙发上，自己看了觉得开心，猫咪也抓得开心！

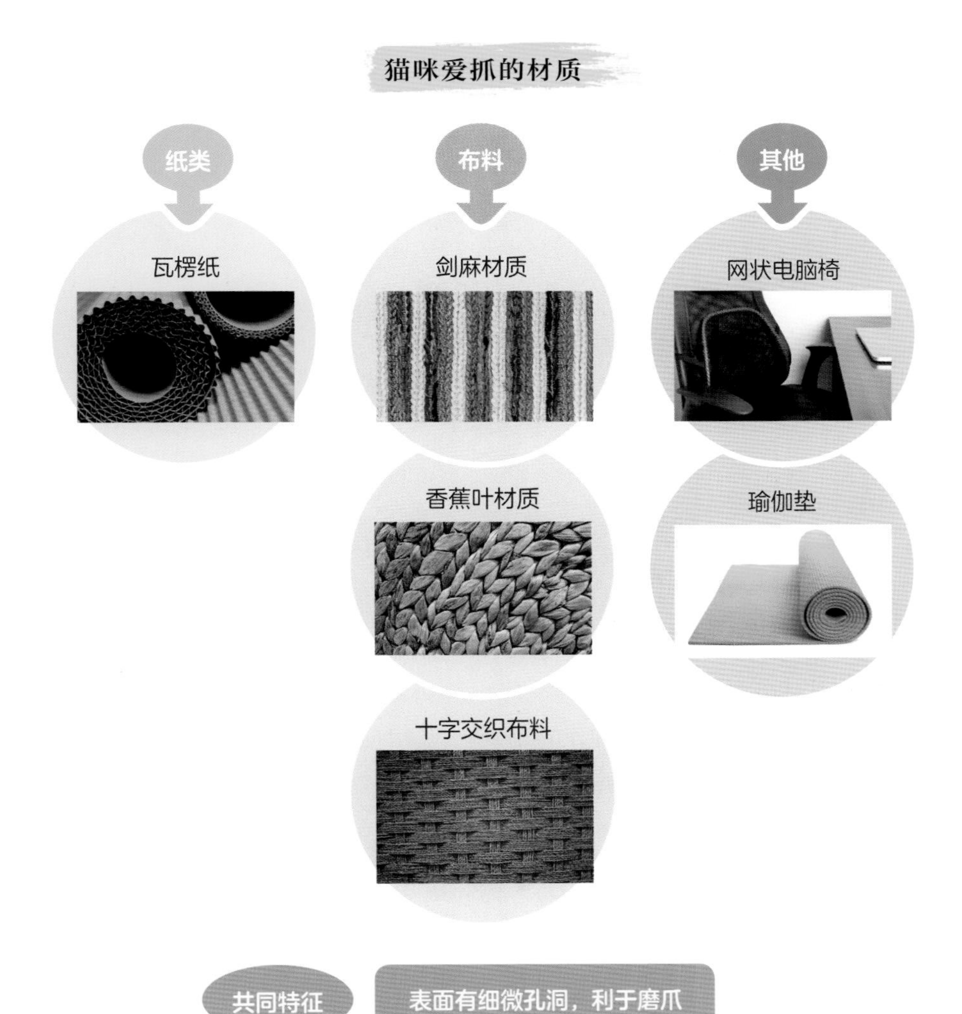

10
驯服猫咪破坏王

猫撞倒物品是不小心的吗

养猫人的命运是否都是这样？一定会被摔破几个杯子、被扯坏几条充电线、赔给房东一些家具。看别人养猫好优雅，怎么自己养猫这么狼狈？和猫生活在同一个空间，到底该怎么教它好好爱惜物品？猫咪是故意的吗？

猫咪是非常精准的狩猎者，也就是说它行走时能优雅地避开“刀山”，在重重障碍物中优雅地走台步，也能快速精准地将猎物一掌击毙。如果你认为猫总是不小心撞倒物品，那就大错特错了！

搞破坏的常见情境

情境一：跳上柜子，把东西拨下来

猫咪用爪子慢慢推，将物品从高处拨掉到地面，完全是天性使然。对于如手掌般大的小东西，它们会进行游戏和探索行为的触碰，如果摔坏的不是收藏品，我想你应该会觉得很有趣，一点都不困扰。

而一次都摔不得的传家之宝，请收拾好或是保管好。摔了几百次的小东西，也不要在猫咪面前将东西放回去，这样做是给予猫咪更多的回应，就会变成你们之间它丢你捡的互动。

你可以准备3~5种专门给猫咪推倒的小物品，矿泉水瓶盖、笔盖、不喜欢的毛绒玩具，或它日常喜欢拨弄的小东西……平日里只要猫咪在桌上或柜子上，就把这些小物品放在猫咪眼前的桌子或柜子边缘，猫咪就会很自然地将这些物品推下坠地。若你再将此物品当着猫咪的面捡起来放回桌边，重复几次后，你与猫咪之间就能成功建立出新的坠物游戏了！

用手慢慢推动物品，是游戏和探索行为

情境二：跳上液晶显示器，显示器快倒了

当人使用电视或电脑时，就会诱发猫咪过来踩显示器，也有些猫只会踩键盘。这是猫咪的厉害之处，它们都知道在人类面前晃来晃去可以成功引起关注。猫咪喜欢做这件事情有三个原因：一是电器能发热又是独立的一个台面，在冬天简直就是绝佳的好去处；二是能够引起你的关注，尤其在它爬上电视之后，你肯定会将它抱下来或是用玩具引开，猫咪很可能因此重复学习到引起关注的方法；三是刚好电视的所在位置是一条路径，必须经过才能去到某些台面或是高处，若是这一原因，我们可以安排另一条更简易好走的路，让猫咪不踩电视也能去它想去的地方。

也许显示器所在位置是一条路径，必须经过才能去到另一处。

情境三：飞檐走壁，处处留下爪子痕迹

猫咪在跳跃时会反射性地伸出爪子，这是因为需要施力以及为后续着陆攀爬做准备的关系。尤其活动力较旺盛的幼猫，以及特别喜欢跳上到高处休息的猫咪，家中就容易发生家俱倾倒或是留下抓痕的问题。

猫咪在游戏狩猎的时候也会冲刺和跳跃，兴奋忘我时也会瞬间出现磨爪动作。因此，我们要帮猫咪把这些界限分得很清楚，游戏应在地毯、猫跳台、隧道等不会造成家俱毁坏的地方进行，假如不希望猫咪在沙发上留下抓痕，就不要和猫咪在沙发上玩逗猫棒。

对于预防猫咪跳跃时留下抓痕的方法其实很简单，让猫咪想去的某个地点用漫步行走就可以到达，而不需要用力跳跃即可，因为猫咪行走当中是无声且无爪的。点和点之间的直线距离短且上下高度接近，猫咪就会采用行走方式；直线距离长且上下高度相差超过猫咪身长，那猫咪肯定得用力跳跃才能到达。我们只要将点和点之间的路线调整好距离，猫咪自然就不会又冲又跳。

点和点之间距离短且上下高度接近，猫咪就会采用行走方式，不大会留下抓痕。

11

猫家大迁徙

最重要的是减小猫咪的压力

搬家对我们来说是一件充满期待的事，甚至我们为了给猫咪打造更好的环境而在新家花了许多巧思，心想有更大的空间跑跳、更多的花鸟鱼虫可以观赏，猫咪肯定会更喜欢。然而，此时我们往往容易忽略猫咪目前其实处于不知接下来的日子会发生什么变化的不安中。平常不出门的猫咪，肯定是忐忑不安地待在运输笼里，蜷缩一团呈现如刚发酵面团的姿态。除非你的猫经常爱出门探索，才有可能觉得搬家是常有的事，日常生活没什么变化。

从你打包行李开始，你的猫就已经开始觉察到变化。而它的压力会从被装进运输笼开始产生，经过了几十分钟或是几个钟头的车程直到到达新居，它都还没有停止紧张情绪的累积。直到猫咪开始走来走去，正常吃喝以及排泄，才算是开始慢慢接受这个环境。

在此期间，我们需要做的是让猫咪在这个过程中以最小的压力、最快的速度去适应新环境，并且和原本的猫咪同伴维持原本的友好关系，或是让原本关系不好的猫咪利用搬家的机会重新建立关系。

搬家的事前准备

除了猫咪本身必须要被移动之外，大型家具的移动也会是令猫咪紧张的一大因素，因为这些情况平日见所未见，而且还可能产生摩擦的大声响。

我们需要花一点心思，让猫咪可以避开这些刺激。大型的家俱、电器在移动或是封箱时，可以让猫咪待在房间里，减少视觉和听觉上的刺激。而这些东西也要在猫咪到新环境前先安置好，这样猫咪过去后就不会同时面对两件很可怕的事情，一是新环境里自身的安全，二是新环境里巨大的物品和声响。

猫咪到了新家，我该做什么

让猫咪待在一个安静且不需要移动大型物品的房间，将运输笼打开，让猫咪自由决定躲藏或开始探索。幼猫通常会决定立刻探索。将食物、水、砂盆暂时安置在此房内，观察猫咪使用状况。这段时间可以不需要和猫咪游戏、互动、讲话或试图安抚，猫咪需要自己去观察新环境，等它认为安全了，才会进行下一步动作，饲主只需要静静观察猫咪的需求与状况即可。

应事先准备好的猫咪用品

项目	确认	备注
猫咪日常磨爪的抓板	O / X	可提供猫咪熟悉的气味，纸箱还能提供躲藏空间，让猫咪躲起来观察新环境
熟悉的纸箱	O / X	
睡窝	O / X	
毛巾或毯子	O / X	
辅助品（信息素喷剂 / 插电信息素）	O / X	喷剂效果较直接、快速，可用于外出笼、新环境的各个角落 一罐插电信息素可以在新环境维持一个月，多猫家庭建议使用
运输笼	O / X	即便猫咪平日很讨厌运输笼，在外却会变成猫咪安心躲藏的地方。信任度高的饲主也会是猫咪在新环境需要依赖的好伙伴

有两只猫以上的家庭搬家小插曲

有些猫咪们平日里关系友好，在原本环境里相处了好几年都没有出现什么冲突。即便如此，在搬迁过程中以及到了新住处的前一两周还是要细心观察，看看猫咪之间有没有互相哈气、发出低鸣的声音，或是其他紧张的肢体语言。

如果猫咪出现以上这些行为，实则是宣告自己的紧张，我们就必须把紧张的猫咪隔离，让它躲藏起来或是单独熟悉新环境。等它弄清楚新环境的地形和动线，开始恢复以往的食欲和互动，表示它情绪稳定了，这时才有办法去接纳原本的同伴。

搭乘交通工具时，害怕的猫咪会缩成一团，呼吸急促，瞳孔放大。

把猫咪带离它们熟悉的领地前往未知的环境所产生的压力，会让猫咪产生负面情绪。在搭乘交通工具的过程中，你会观察到猫咪缩成一团，呼吸急促，瞳孔放大，这是猫咪害怕的表现。若你的猫咪是一路上不休息地连续喵叫，那也代表有某种程度的焦虑。在运输过程中，每一只猫咪都要有自己的运输笼，做到完全的肢体隔离，以免猫咪在紧张的状况下会直接与同伴起冲突。

即便曾经搬过家，之后的每一次搬迁都可能因为猫咪年纪的不同或是近期身心状况不同而导致猫咪产生不同的压力。因此，每一次搬迁都应特别留意猫咪的感受。

到了新家，猫咪一直叫怎么办

猫咪到了新的环境开始正常吃喝拉撒睡之后，还是会时不时走来走去、边走边喵叫，甚至直接对着大门口喵叫。刚领养的猫也有此状况，毕竟对猫来说，它们还是想回到原本生活的地方，以及对新领土的不确定。

这样的情况大概会持续2周左右，饲主可以依照猫咪的喜好，尽可能安排能够转移注意力的好玩的事。对于爱吃的猫咪，给它加菜，给它各种益智游戏搭配高等级零食；对于爱玩的猫咪，与它进行多次的逗猫棒游戏，尤其是在你观察到的猫咪容易去门口喵叫的时段，频繁地进行游戏。此时，维持其他猫咪和你的日常互动，例如保证踩踏时间、梳毛时间、看风景时间。

只要是猫咪喜欢的法宝，都可以拿出来分散猫咪突然想回到原本领土的注意力，让猫咪尽快认识到在新家的生活和在旧家的生活大同小异，慢慢降低焦虑的同时也慢慢习惯。

两只以上的猫搬迁，
需要安排先后顺序吗

这分为两种情况，一是原本同一家庭的猫咪成员，二是原本生活在不同地点的猫咪成员。原本同一家庭的猫咪成员需要同时一起搬迁，应确保群体气味可以持续维持，让猫咪辨识彼此；若是原本来自不同环境的陌生猫咪，可以同日或不要相差至一周以上的时间陆续住进来，但一开始是要完全隔离的。猫咪先来后到不会影响其社交地位，不会产生老大、老二的排位，毕竟影响猫咪接纳同伴的关键在于环境资源与自身条件。

第三章

当一只猫变成一群猫的时候

爱猫人士都难逃的一个猫咪魔咒是，有了一只就会想要第二只，有了第二只还想要第三只。身为猫奴，我们很容易走上这条路，但怕就怕家里原本的猫咪不开心。为了让猫咪们和睦共处，事前准备与挑选合得来的新猫同伴是有办法的！

12

养第二只猫的事前准备

我的猫能接受第二只猫吗

每一只猫咪的个性都不同，我们不能确定什么样的猫咪一定能被家中原有的猫咪接受。

我常常听到饲主说，曾经带自己的猫咪去朋友家，猫咪见到朋友的猫没多久就玩在一起了，所以自己的猫是很亲猫的。其实，这样并不能全然判断这只猫咪一定亲猫，有可能只是刚好接受了那一只猫，也有可能当时两只猫咪年纪尚轻，因为幼猫和幼猫之间几乎没有不相容的问题。而且换了一个环境，猫咪间的相处也会受到影响。后来这位饲主带回了新的猫咪，就出现了打架问题。

所以，猫咪能不能接纳新猫，最主要是看现有环境资源能否让猫咪感到富足，并且我们的引入操作能否循序渐进而让猫咪接受。接下来，几个观察的重点，可以提高接纳的概率。

对于自己家的猫咪，可以做到的第一步观察，就是看看它对陌生猫咪的气味有没有不良反应。

将准备要接回家的猫咪使用过的玩具、毛巾先带回家放在地上，观察原本的猫咪有什么反应。如果只是很仔细地嗅闻检查，随后就离开去做自己的事，一如往常地吃喝玩乐，代表猫咪是有机会接受对方的；若连单纯的气味都让猫咪紧张得躲起来、哈气甚至低鸣，建议打消带入第二只猫的念头。

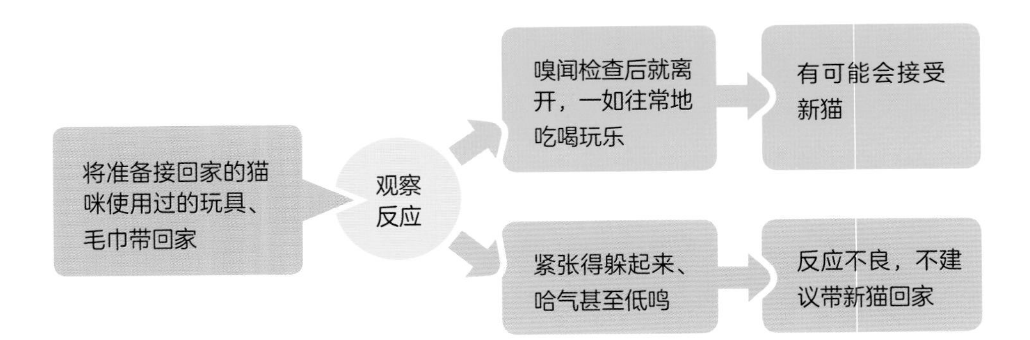

绝不可以“老少配”

首先，要考虑到猫咪在不同的年纪有不同需求，因为年纪的差异将最直接导致活动力的差异。

一只猫咪到6岁以上就即将步入老猫的阶段，睡眠时间变得更长，活动量变得较少，需要互动的频率也变低。它需要的，是维持原先的生活状态，并有更多单独休息不被打扰的时间和空间。这种情况下，要加入的第二只猫咪应选择年纪相仿的，或是6岁以上至10多岁的猫。因为6岁以上至10多岁的猫咪生活作息差异不大，但离乳2个月至3岁这个阶段的猫的活动力和老猫是有很大差距的。

假使是“老少配”的组合，猫咪在磨合过程中就会有很大的冲突。我们幻想的大猫舔小猫，或是大猫小猫依偎着一起睡觉的画面基本不会出现。实际上，我们会看到小猫整天追着大猫跑，扑咬大猫，大猫逃之夭夭。严重的话，大猫会改变原本和饲主的互动，食欲也会降低。

这是因为幼猫与年轻的猫咪需要花较多时间模拟狩猎，当没有猎物可以猎杀，又没有年龄相仿的同伴互相满足需求，年轻的猫咪就会把目标锁定在家里的年长猫咪身上。当你看见年长猫咪逃跑或是哈气，就代表状态已经失衡，需要将两只猫咪分开饲养。只有在你花时间陪年轻的猫咪消耗精力，满足狩猎的需求后，才能让两只猫咪相处一时半刻。

各年龄阶段的猫咪对活动的需求

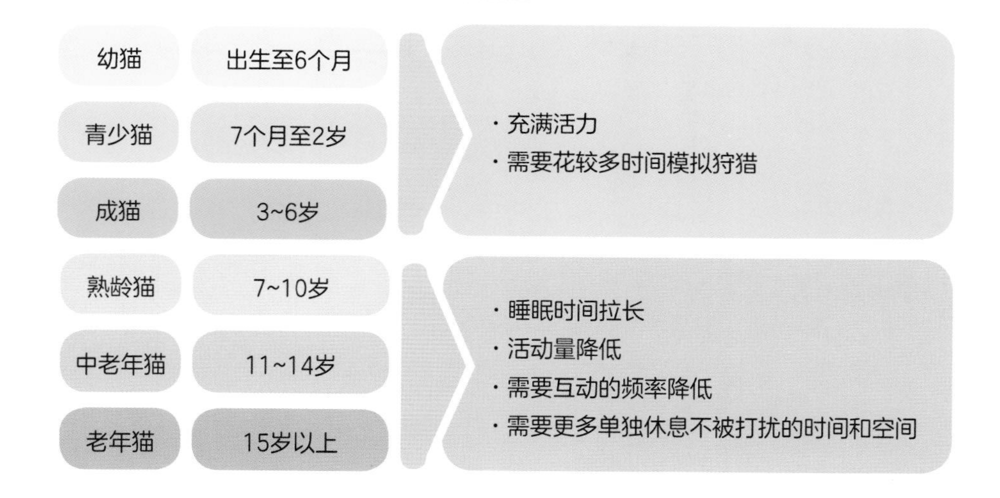

品种要相近，性别要相同

不同品种的猫咪在行为上的表现是有差异的。就像鱼类都是在水里生活，但吃水草的金鱼不能和吃肉的食人鱼饲养在同一水缸，是一样的道理。

比方异国短毛猫（加菲猫）在行动上就比一般猫咪缓慢，很少有横冲直撞的过激状态。而暹罗猫和加菲猫就形成极大的对比。如果给它们一猫一个猫草包，两分钟后暹罗猫已经把它踢得“肚破肠流”，而加菲猫才刚开始流口水却还没开始踢。

习性相近的猫咪分组

暹罗猫 台湾米克斯 阿比西尼亚猫 豹猫 俄罗斯蓝猫	豹猫 俄罗斯蓝猫	英国短毛猫 美国短毛猫
曼赤肯猫（短腿猫） 苏格兰折耳猫 金吉拉猫	豹猫 俄罗斯蓝猫	英国短毛猫 美国短毛猫

这样慢半拍的速度，会让加菲猫在生活中频频吃亏。即便我们再怎么公平地分配资源，保证它们生活资源的富足，使两只猫可以共处，但假如习惯和频率对不上，也很难有其他更友好的互动，且饲主需要花较多心力维持它们之间的平衡。如饲主应多和暹罗猫互动，练习遛猫以满足其探索欲望并发泄精力，以免无辜的加菲猫成为暹罗猫太无聊而霸凌的对象。

不过，同样品种的猫咪相处起来不一定就和睦融洽，只能说品种相近的猫咪，更容易接纳彼此的。

另一方面，性别也会影响接纳程度，但节育与未节育则影响不大。母猫为了要共同哺育小猫，增加生存条件，所以母猫和母猫之间的接纳程度最高；其次是公猫与公猫；而公猫和母猫的接纳程度相对较低。

性别配对接纳程度

性别配对接纳程度较高 → 接纳程度最低

母猫	公猫	公猫
+	+	+
母猫	公猫	母猫

需考量猫咪本身个性

这里提到的“个性”，是指饲主平常观察到猫咪对于事情的反应。在猫咪面对美食和猎物的诱惑时，最容易显现它们的个性。

在两只以上的猫咪群体中，零食当前总是抢第一。

狩猎游戏中也是冲第一的猫咪，我们可以判断它是比较自信的。而零食诱惑当前，却站在后方不愿意向前和其他猫咪挤着吃的猫咪是较缺乏自信且容易有挫败感。而如果是年纪稍长的猫咪，不愿意与其他猫咪有过多肢体接触，也算正常。

在进行狩猎游戏过程中，可以观察出猫咪活动力的高低。可以用逗猫棒和猫咪单独游戏，有些猫咪连续狩猎5分钟就已经侧躺休息，有些猫咪可以持续20分钟。挑选战斗力相当的猫咪作为同伴很重要，可以避免它们相互追逐模拟狩猎时，一只想要早早结束游戏，另一只却战火点燃停不下来，最后只能以哈气收场。

∴ 居家生活筆記 ∵

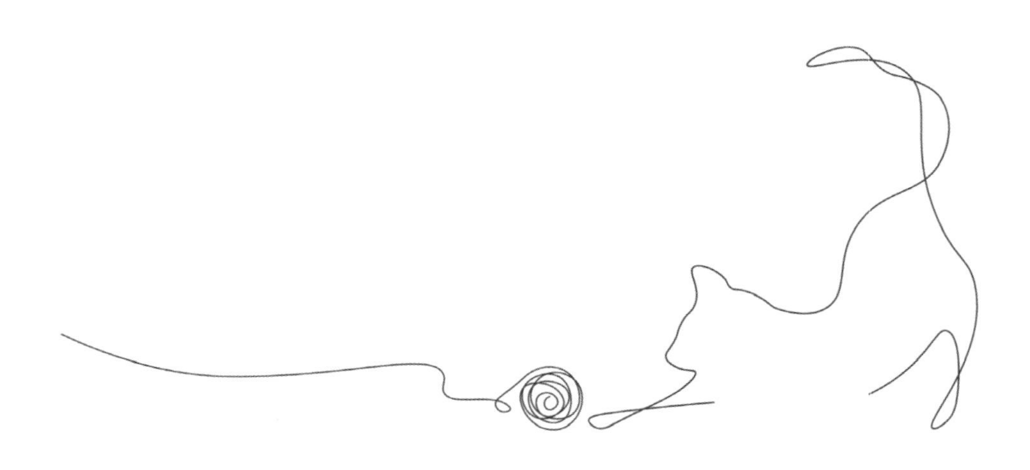

13

迎接新猫到来前的准备

不让家里猫咪感到被干扰

要迎接一个新的成员，对原有的猫来说，最重要的就是不能让其感受到生活资源被剥夺或是不安。必须维持原本猫咪的日常所需，包括食物、资源、活动的动线、使用的物品，以及和饲主日常的互动。

先观察原有的猫咪的每日作息，比如几点会在哪里看窗外、休息、吃饭、上厕所，再考虑新猫到来时，安置在哪一个独立空间对原本猫咪的影响是最小的。新猫刚来时或许比较老实，但很快地就开始探索整个家，到处占地为王，看见食物就吃，看见舒适的窝就睡。这些资源都是原有的猫独享的，原有的猫就会感受到被剥夺，理所当然不会对新来的猫有好印象。

为了避免此状况发生，需要帮新猫准备一套它自己专属的生活用品，并且安置在新猫独立的空间内，等到两只猫都习惯彼此气味的存在，并且确认生活中没有任何打扰，未来才可以共用资源。

“新猫引入”步骤

猫咪完全隔离，彼此看不见

猫咪突然在自己家中看到一只陌生的猫，会对其产生很大的刺激，而且通常会令其产生负面的情绪，认为自己领土被入侵了，所以一开始的隔离需做到两只猫完全不会看见对方。当猫咪闻到另外一只猫的气味也算是一种刺激，但

是刺激程度比较低，且气味道无法隔离，会自然散布于家中的空气中，所以猫咪间从一开始就会有气味的交流了。

前1~2周只进行气味熟悉，错开使用公用空间的时间

当新猫准备好出房间探索，可以每天提供至少两次数十分钟的时间让其到公共空间放风。新猫探索时会走动、观察，熟悉一些后会开始标记，这时候就会将很多的气味和讯号留下。待新猫回到隔离空间时，再换原本的猫咪出来公共空间走动。这时原有的猫咪就会去检查这些味道留下的讯号，同时一步步熟悉新猫。

注意!

即使已隔离2周，也不可贸然让2只猫近距离接触，还需使用网格隔将它们隔开至少3米。

远距离、短时间视觉接触

由于我们不能确定猫咪初次见到彼此的反应，故不能抱着“试试看”的态度，所以必须按以下的操作进行最有把握：让2只猫距离起码3米以上，各自做喜欢的事情，可以是睡觉、吃肉泥、吃罐头。打开隔离的房门，让它们见上2~5秒，观察猫咪是不是能够继续进行热爱的事情。如果猫咪继续睡觉，是很好的。不是猫咪睡着了不知道，而是因为它对于外在的动静感到安心，才会继续休息。若是在吃罐头的时间让它们见面，且2只猫咪都愿意继续把食物吃完，这样的情况也是好的，因为猫咪感到紧张害怕时，是不会继续进食的。

这个阶段的主要任务是观察，以及每一次见面都必须以秒计算，短时间视觉接触，每天视情况练习3~6次。

远距离、较长时间视觉接触

当猫咪都已经习惯这样的相处模式，你会发现它们越来越不会持续看着对方，或是看一眼就转头做自己的事，甚至好像没看到一样，这些都是不在意的表现。这种“不在意”就代表它们对彼此感到放心，但也仅限于这个距离和这个情境而已。发现猫咪进步了，就可以开始拉长它们看见彼此的时间，从原有的看到5秒钟就隔离，拉长到吃完罐头后才隔离，视情况定为每次5~10分钟。整个拉长的过程是渐进式的，每日增加分钟数，而不是从5秒钟一下子增加到5分钟。

新猫引入步骤

1. 猫咪完全隔离，彼此看不见
2. 只进行气味熟悉，错开使用公用空间的时间
3. 远距离、短时间视觉接触
4. 远距离、较长时间视觉接触
5. 使用网格，观察猫咪自主接近对方的反应
6. 饲主没有监督时仍需隔离
7. 每一次监督时都没有发生冲突，持续2~8周以上
8. 引入完成

使用网格，观察猫咪自主接近对方的反应

猫咪熟悉并接受彼此的快慢，是由猫咪自己决定的。我们只需要帮它们保证足够后退的距离和躲藏的后路，并且在每次见面时，用猫咪喜欢的事来使它们尽快进入轻松愉快的气氛，同时也分散它们持续关注对方的注意力。

架起网格，是为了确保彼此不会有肢体接触，以免打过架后前功尽弃，很难再修补关系。另一方面就是要拉长时间，让两只猫咪观察、确认彼此是友善的、没有威胁的。理想的状况是猫咪隔着网格各据一方做自己的事而不紧盯对方，那么就可以持续使用网格来延长猫咪能够看到彼此而又不会碰到彼此的时间。

饲主在家监督时可不使用网格

接下来，你会看到猫咪会偷闻对方屁股或是短暂几秒的鼻子碰鼻子，这些都是想认识对方的表现，但此时仍然不可以操之过急将网格完全解除隔离。当猫咪不使用网格时，都必须有饲主在家监督，并且持续分散注意力，让它们各自玩耍活动的时候都是在掌控之中。

每次监督下都没有发生冲突且持续2~8周以上，才算完成

冲突时会产生朝对方哈气、弓背竖起毛发、逃跑躲藏等一系列反应。在猫咪认识并接受彼此的过程中，饲主的监督是为了确保猫咪能够接受现在的进度，才前往下一步骤。把握好原则循序渐进，才不会导致冲突。从开始见到彼此的第三步骤算起到第六步骤，过程中完全没有发生冲突，之后再进行2~8周的观察，才可以解除隔离。

新猫引入的过程需要多久

新猫引入的过程必须缓慢进行，且需要猫咪对彼此都表现得不紧张也不在意，才能进入下一步骤。成猫和成猫之间顺利接受彼此的时间是4~8周，如果2只猫咪的情绪状况稳定，刚好又都是有自信、适应力较佳的类型，饲主可以每天都观察到猫咪的进步。假使新来的猫咪可能刚经历手术或发生过其他令它害怕的事，那么到了新家会需要较长时间平复，之后才会开始放松去接纳其他猫咪。

4个月以下的幼猫和幼猫之间几乎没有引入失败的问题，当天就可能玩在一起、睡在一起。和成猫相较，压力的问题较小。

∴ 居家生活笔记 ∵

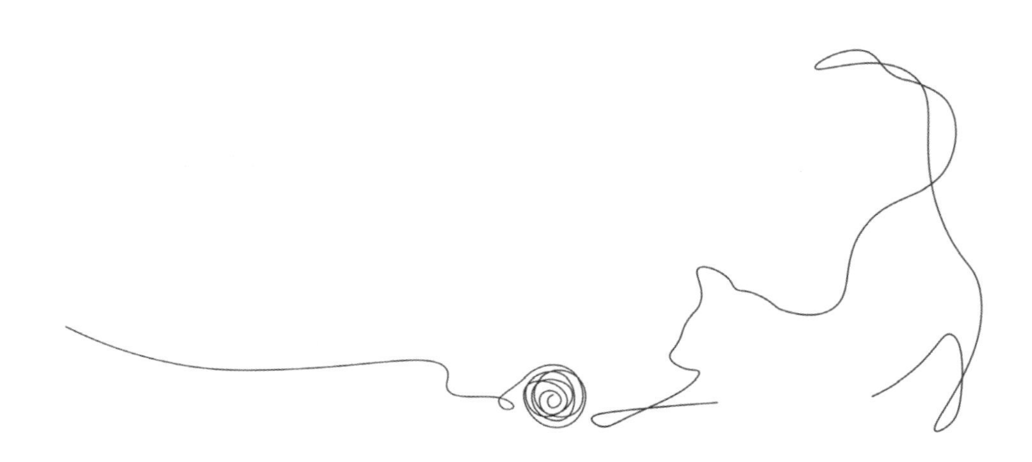

14

猫咪之间水火不容时该怎么办

猫咪不合，平常就有征兆

我们很常听见饲主形容猫咪“床头吵，床尾和”，有时候可以一起玩乐、吃点心，有时候又打闹哈气，像小孩子一样闹脾气。

凡事都一定有原因，猫咪并不是故意“闹脾气”来表达不满，我们看到一只脾气容易爆炸的猫咪，通常是因为它负面情绪还没平复下来又再度受到刺激。猫咪一旦受到刺激产生负面情绪后，恢复平静到正常的时间没有我们想象中快，而是会持续好几日甚至一两周。生活环境是否足够让猫咪安心，是否有其他事件持续刺激，都会影响猫咪恢复速度。

新旧猫相遇时，
刻意保持距离。

猫咪不合的状况，其实平常就有征兆，只不过日常生活中细微的冲突我们不易察觉，因为猫咪的表情不够丰富明显。在可以选择的情况下，大部分猫咪会选择避开冲突，你可以观察到它们行走时会刻意与对方保持距离或是绕道，又或者在另外一只猫活跃时寻找隐密地点、制高点避免接触。如果一只猫在获取资源时必须冒着被另外一只猫霸凌的风险，也有可能产生憋尿、少吃的情况。

但假如遇到某些特定状况无法避开，或者猫咪太想得到这个资源，冲突就会发生，而饲主往往看到的是这个最明显的“突发状况”。所以，想要解决猫咪的冲突问题是首先调整好猫咪各自的情绪，以及把造成冲突的环境资源分配妥当，让猫咪相信生活中不用和同住的猫咪起冲突。

因为资源而产生的冲突

当你听到猫咪之间哈气，或是看见猫咪连续出拳但没有扑咬上去时，就应该正视这个问题。这时看一下环境中的资源是什么，通常是食物、水、睡觉的地方、窗台，或猫咪喜欢的其他事物。将这些资源分散或增加是最基本的处理。

虽然若选择置之不理，猫咪也可能会哈气完原地解散，但同样原因导致的冲突一再发生，久而久之也会加深两只猫彼此间的厌恶感。厌恶感提高，接纳度相应就会下降，两只猫就会天天上演争夺战。

因为不熟悉而造成的冲突

原本两只完全不相识的猫咪，突然有一天住在同一个屋檐下，其实是不符合猫逻辑的。就像我们，一定是和自己的家人或非常信任的人才会共同生活在一间屋子里，并且一开始都是在家以外的地方相识。当自己家里，尤其是卧房，突然出现一位你见都没见过的人，你会做何感想？你可能会觉得多了一个好朋友，但更有可能觉得房间已经不够用了，还来一个人抢地盘，真讨厌啊！同时，你会时刻观察这个陌生人的一举一动，他做的每一件事都成了

资源集中与资源分散示意图

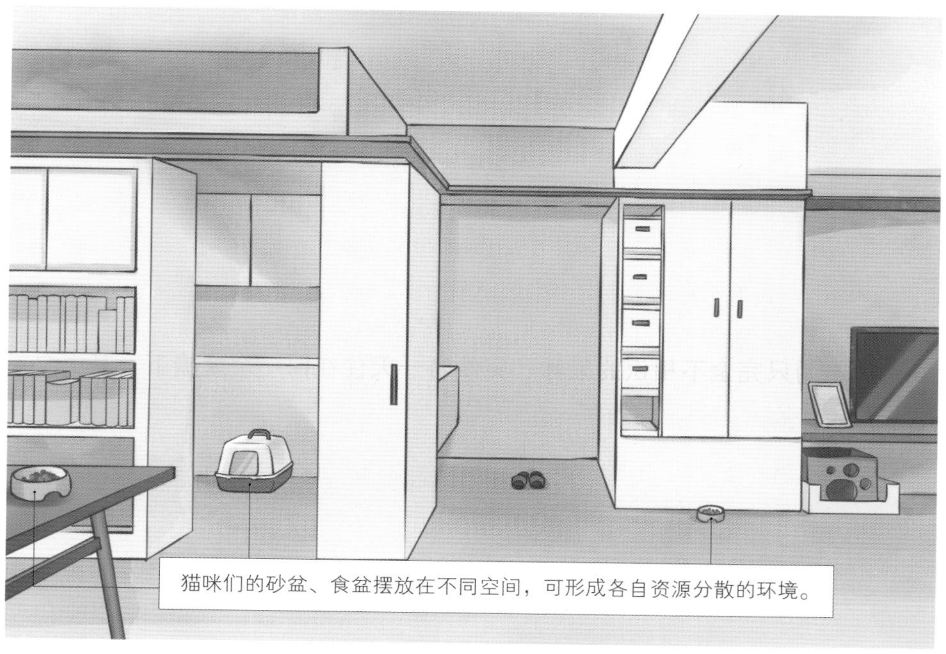

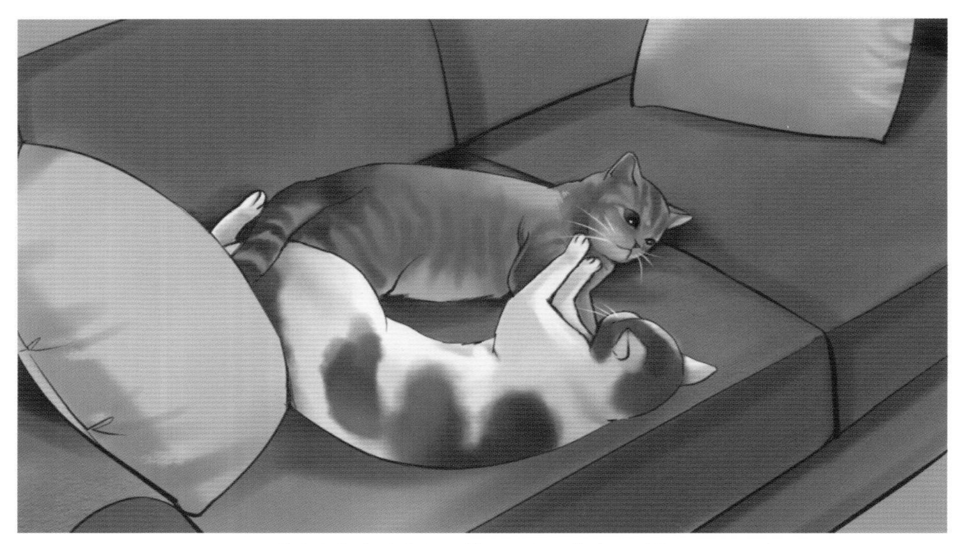

猫咪直接在沙发上睡觉，可能比较容易吵架。

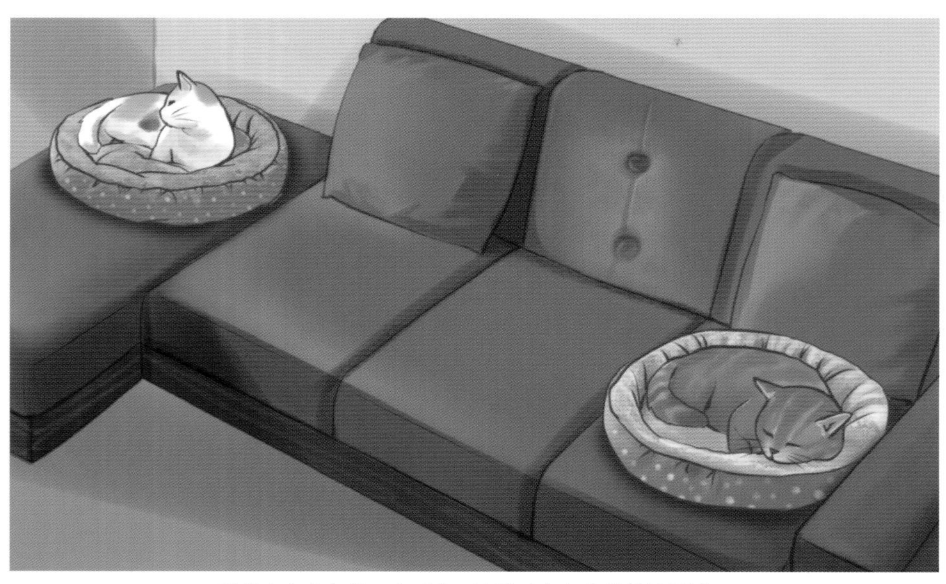

沙发上左右各放一个睡窝，让猫咪各自有放松的领域。

让你评判他是好是坏的标准。你这么做的目的，是为了确认一起生活能不能带来好处，以及共同生活会不会给自己造成威胁，这些都源于我们在生存空间中需要安全感。

倡导独居主义且需要领土安全感的猫也是一样，当我们带新猫回家，就等于直接带它进入了原有猫咪的核心区域，相当于进入我们的卧室。两只猫都需要保持适度的距离，也需要一段时间让彼此观察当下的状况是具威胁性的还是友好的，这就是饲主要按部就班进行“新猫引入”的原因。大部分新猫引入失败是因为进展太快，还没让每一只猫咪完全放松下来就见面，或是让两猫距离太近。

如果两只猫咪已经可以同时在彼此附近吃饭，只能确认它们在这个时间、地点所做的事情是彼此已经熟悉的，而猫咪们也只相信在这样的状况下彼此是可以和平共处的。

如果猫咪没有充分观察过另外一只猫的各种状态，就会不确定其在特定状态下的威胁性。像是突然看见对方兴奋暴冲把东西撞倒，两只猫可能都会吓到。它们不会像我们一样能看透事情的缘由是“不小心撞倒了东西”，而会直接判定对方是不可控制的、危险的。

但如果是猫咪彼此之间已经非常熟悉且友好，结局就会不一样。看到另外一只猫突然暴冲的情况，会辨别这件事并不带来威胁，即便冲撞到物品掉落产生巨大的声响，也不见得会判定是另一只猫造成的。也就是说当猫咪彼此信任度不够，也不够了解对方的一举一动时，任何出乎意料的行为都可能造成紧张或是误会。即使是一阵大风把门吹得“砰”一声关上，无辜的猫咪可能也会背上黑锅。

猫咪需要靠自己的观察，才能判断对方的存在安全与否，所以饲主在操作时，就是确保两只猫每一次见到彼此时都是安全的、没有威胁性的，一次一次去帮助它们提升信任度，帮助它们留下正面印象。

15
猫咪会不会吃醋

猫咪真正争夺的，是你手上的东西

吃醋，一般指在男女之间的情感中，因为占有欲而妒忌其他竞争者。然而，也可以形容在亲子关系中孩子们争宠的情况。

我们经常将自己的角色定位为家长，而猫咪们就是毛小孩，所以当猫咪之间闹不合的状况发生在眼前，就很容易猜想猫咪是不是吃醋了。因为人有丰富的情感，有吃醋、争宠的情绪，但是神经元简单的猫咪并没有发展出这套逻辑。

当有不喜欢的猫同伴出现时，猫咪会选择回避。为了回避同伴，就会改变与饲主的互动，甚至回避饲主，因为饲主身上也沾满了它不喜欢的气味。当饲主拿出零食、猫草或其他同时吸引两只猫咪的物品，猫咪又不得不靠过来争抢，相互挥打，这时饲主看来就变成一个被竞争的资源。所以，猫咪真正争夺的其实是饲主手上的东西呀！

不过，也有可能饲主没有拿任何吸引猫咪的物品，但是与猫咪关系非常要好，也会让饲主本身成为猫咪争夺的资源。例如，猫咪很喜欢在饲主坐在沙发时睡在饲主大腿上，因为这对猫咪来说，是一个舒适且有互动的休息区。

有些情况的确容易让饲主误会是猫咪在吃醋，例如当新猫加入而原有的猫咪缩在角落远离饲主时，或者两只没有完全接纳彼此的猫咪同时靠近饲主会互殴，都很像是在赌气或是争宠。

总之，答案是很肯定的，猫咪其实并不会吃醋。

我闻出来了，你不是我的朋友

我遇见过许多盲猫，走路时能够跨过门槛不被绊倒，跑跳时更是灵活，即使看不见也能一秒飞上跳台，玩逗猫棒也照样狩猎成功，完全看不出有任何不方便，甚至能够找到憋着气动也不动的饲主。

我也遇见过一些聋猫，它们听不见，没想到世界更美好了。它的世界一片寂静，因而不受到惊吓，成为一只看起来胆子颇大的猫。

失去了视觉和听觉，对猫的生活似乎没有产生太多负面影响，也没有因此受到同伴排挤或霸凌。

对于猫而言，没有了听觉，还有眼睛和胡子能够测量距离；没有了视觉，还能够靠耳朵和胡子帮忙；但没有了嗅觉，猫咪无法搜集讯号，无法找到食物，不能够确认食物是否新鲜可食用，也不能够确认附近的敌人是什么情况，

失去听觉时，以鼻子、眼睛和胡子为主要感官。

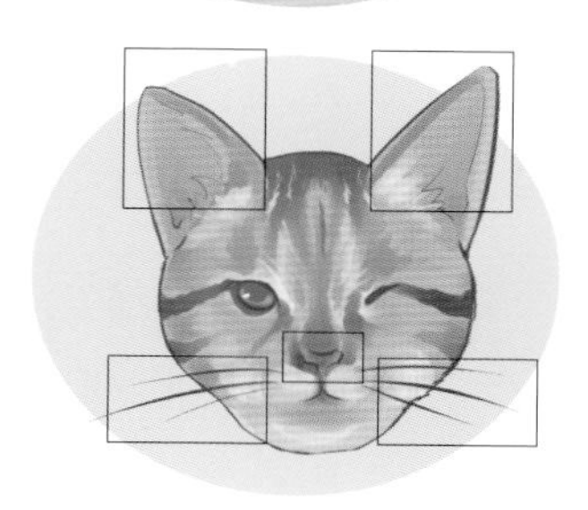

失去视觉时，以鼻子、耳朵和胡子为主要感官。

失去嗅觉时，难以搜集讯号。

这将导致它们几乎无法生存。我们要知道，嗅觉在猫咪生命中扮演举足轻重的角色。

许多饲主常紧急求救，说猫咪洗澡后六亲不认，对平常要好的猫同伴会哈气追打，或是被追打。从我们的角度来看，猫咪真的很奇怪，为什么洗了澡就好像不认识一样，有那么严重吗?

同样的问题，也可能发生在猫咪去了医院回来之后。在医院短暂停留或许还好，但住院回来的猫咪一定要和家里的猫咪先隔离，甚至需要重新引入。这是因为人类都是“眼见为凭”，通过眼睛来确认周遭的状况，记忆回家的路、认识的人，而猫咪则是相信自己的嗅觉更胜于眼睛看到的状况。我们必须了解猫咪是用鼻子确认对方是不是认识的猫，这就是人和猫咪很不一样的差异。

因此，我们需要帮猫咪注意“维持群体气味”这件事。一旦气味改变或是消失，猫咪就无法辨识出原本的同伴，当它们经过彼此身边，就会立刻拉起警报，以哈气或是怒吼的方式，试图吓退入侵者。

猫咪借由磨蹭留下气味。

依赖群体气味辨识同伴

猫咪靠着互相磨蹭来建立群体气味。这个气味是一种信息素，通过猫咪皮脂腺散发出来，通过磨蹭和磨爪在环境中留下来。

猫咪是依赖群体气味来辨识同伴的。有些饲主尝试让两只猫咪同时洗澡，洗同样一款洗毛精，认为这样它们的味道就会一样，但结果却还是以相互哈气收场。这是由于洗澡已经将原本的信息素洗掉，洗毛精的气味又不能取代猫咪的信息素，才导致猫咪辨识不出同伴。

群体气味是需要重复建立的。如果将两只猫咪分开一段时间没有重复建立，气味就会改变或是消失，所以当它们再度相遇时就会不认识彼此。但很难确切说明分开多长时间会让猫咪群体气味改变，因为这与猫咪所在环境有关。如住院或手术，通常仅几个小时就会改变群体气味，这是因为医院的环境里同时有很多其他的猫，且猫咪平时没有接触的气味。

如果是带猫咪外出散步几个钟头回家，或是带猫咪回老家三五天，倒是没有太大问题的。前提是猫咪外出没有和其他的猫咪混在一起，老家的环境是猫咪熟悉的人和事，这样就没有太多会改变气味的因素。

不过，每一只猫咪的状况不同，每一个环境都可能产生变数，最保守的做法是在每一次分离再次重逢时，就先隔离观察，确保猫咪之间还是和之前一样友好地打招呼后，才能够解除隔离。

16

不只有猫，还有狗

我的猫能和狗狗和平共处吗

遇上猫狗大战时，究竟应该训练狗狗还是调整猫咪？猫真的可以和狗狗和平共处吗？无论是狗狗被打到满地找牙，还是猫咪被追到飞天遁地，调整方法都一样：训练狗狗，并调整猫狗共同生活的环境。

猫狗不和的主要原因

情况一

活泼幼犬、猎犬、梗犬、牧羊犬这些类型的狗狗，喜欢追逐快速移动的小动物。幼犬因为需要大量互动和关注，需要用嘴巴探索物品，学习与共同生活

的人和动物游戏。而牧养犬和猎犬则是有追逐移动物体的天性，并且拥有源源不绝的体力，追逐和狩猎就是它们的使命。

当狗狗有这样的天性和需求时，我们需要将这个天性释放在你允许它做的事情上，像是多带狗狗出门散步，平日里一天至少3次；假日有空时可以去较远的地方让狗狗多做一些户外的新鲜事，否则在家中太过无聊，就发展出和猫咪大眼瞪小眼，越打闹越有成就感的状况。

在家里，可以和狗狗玩玩具或是做游戏，像是拔河、你丢它捡、教狗狗辨别物品，帮你找出你要的东西等。狗狗一旦进入全力以赴的状态，就没有太多心思管猫咪了。狗和猫不同，狗狗在被赋予任务时是开心的，愿意替主人完成的，饲主的任何关注都能够让狗狗获得满满的鼓励。如果在发生和猫咪打闹的状况下取得关注，就会让狗狗从这件事获得鼓励，也就相当于获得奖励。所以，狗狗没有追咬猫时，我们就应该先赋予狗狗任务，转移狗狗的注意力，减少其将目标放到猫咪身上的机会。

情况二

狗狗其实很胆小，希望对着猫咪吠叫引来饲主的关注，但饲主每一次的关注其实都强化了狗狗与猫咪间紧张的关系。如果紧张的狗狗遇上对狗狗社会化良好的猫咪，狗狗会发现猫咪不太有反应，几次以后自然而然就学会相处。万一紧张的狗狗遇上紧张的猫咪，通常关系会越来越差。这样的状况，饲主绝对不可以处罚或责骂任何一方，因为它们正处于紧张的情绪里，若再加上饲主的责罚，会使双方的压力更大，更会认定对方是不好的同伴，下次见到面就更想努力驱赶或是攻击，来化解它们认为可能会发生的不好的事。

饲主应让彼此保持适当的距离，好让它们彼此先做观察，并且口头鼓励狗狗，使狗狗了解到猫咪是好的，是一个会带来欢乐气氛的新朋友；同时准备给猫咪高处的躲藏、活动空间，猫咪可以在不被狗狗打扰到的高处安心观察狗狗的行为。

而猫咪是不需要训练的，当猫咪感受到威胁时，它会自己绕道或是藏匿。我们只需要将环境规划好，接下来给猫咪适应狗狗的时间就可以了。

其中需要注意的是，在调整阶段，要将猫咪的生活必需资源都放在其能轻易取得，且不会有狗狗经过的位置，这样猫咪吃喝拉撒睡都不会被狗狗打扰。一般来说，狗狗能够往高处活动的能力有限，所以可以将猫咪需要的资源都摆放在有一定高度的地方。这么做的目的，是给猫咪安心自在的环境，才有助于它好好地适应和观察，否则经常需要冒险才能取得资源会使猫咪生活在水深火热之中，平时连逃命都来不及，更别说有心思学习和平共处。

第四章

要让猫咪玩得欢

记得有一次收到一张报名表，饲主勾选了一个困扰是“逗猫逗不起来”，并附上猫咪的生活影片。

影片中，猫咪像是没有看到饲主手上的逗猫棒一样，依然躺在地上放空。但它自己踢拖鞋却踢得不亦乐乎，或能一直开心地侧躺在地毯上拨弄小垃圾。

我当时的解读是：猫咪自己玩都比与饲主玩有趣。后来经过一些调整，饲主手中的逗猫棒终于能够让猫咪冲刺扑抓。猫咪的游戏行为有时候是自发性的，有时候是接收到刺激而被激发。没有不爱玩的猫，只有不会逗猫的主人。

17

家有闭塞猫该怎么办

你手上的“猎物”活多久了

你可以说猫咪喜新厌旧，也可以说猫咪很需要新鲜感，很容易对旧的猎物失去兴趣。确实是如此，猫很需要被新的、不同的猎物刺激，它们不可能重复猎杀同样一个猎物。这点和狗狗不一样，狗狗会因为这个玩具曾经建立起和饲主间的共同互动回忆，或有某种它喜欢的特定互动方式，便会将这个玩具爱护一辈子。当然，如果有新玩具它还是会很开心，但不会对旧的玩具从此失去兴趣。

猫咪无法像狗一样“珍惜”这些玩具，最好是每隔三天就变出新的花样。所以当你的猫爱玩不玩时，先换换逗猫棒，你会发现猫咪对猎物的专注力在每次换新玩具时都会提升。

猫咪游戏时会受到干扰吗

我们常常遇到多猫家庭中有这样的状况：当饲主拿出逗猫棒，永远都是某一只猫玩得很开心，其他的猫就坐在旁边看，不参与进来玩的猫咪就被误会成不爱玩或是逗不起来。其实，猫咪是需要单独游戏的，因为它们并不会一起围捕猎物，特别是只有一只猎物，且现场有其他猫咪时，就会避免竞争。试着在一个只有一只猫的空间单独和这只猫玩逗猫棒，不受到别的猫咪干扰，猫咪就会愿意游戏了！

在同一个空间，同时拿两支逗猫棒逗两只猫是没有帮助的。虽然猫咪会知道有两个猎物，但你无法控制任何一只猫会不会一下把这个猎物当目标，同时转身又立刻把另外一个猎物当目标。到最后，还是会令另一只猫不愿意狩猎。所以，使用不同空间确保每一只猫都可以好好独享狩猎时光，是最好的办法。

游戏难易度应随猫调整

猫咪是很容易挫折的小生物。我们使用逗猫棒时，如果令猫咪扑空没有抓到，其挫折感会瞬间产生，几次之后猫咪就不和你玩这个逗猫棒了；但换了一个新的逗猫棒，又会再次引起猫咪的兴趣。这时你可能会误以为猫咪喜新厌旧，只需频繁更换猎物就好，但其实到了最后却会发现什么新玩意都很难引起猫咪兴趣。这时候你该想到是操作方法出现错误，才会导致猫咪太挫折不想出手。

面对一只玩逗猫棒受挫的猫，你需要将游戏难易度调整至最简单。简单的定义是逗猫棒移动速度慢，只往一个方向贴地移动，或藏匿在墙角。因为在地面爬行的“猎物”对猫咪来说比较容易挑战成功，当猫咪成功捕获“猎物”，

几种逗猫棒游戏的技巧

才会越来越有自信。若猫咪放走“猎物”准备再挑战一次，这时候你应再拿起逗猫棒，假装“猎物”重新脱逃。当你发现猫咪从瞄准猎物到扑抓的时间越来越短，就代表猫咪越来越熟练，知道怎么捕获成功。

接着，可以开始增加一点点难度，如将“猎物”逃跑的速度加快一些，也可以将“猎物”贴地移动之后起飞至离地20厘米左右，约等于猫咪站立时头部的高度，还可以躲藏于这个高度处，让猫咪开始在地面以上的地方抓取。渐渐地，猫咪可以冲上猫跳台把猎物抓下来，就像在野外爬树抓小鸟一样。

18

我家的猫很难取悦

猫咪为什么不爱我买的玩具

经常会见到这种情况：你订了一箱猫用品，当你还在清点数量时，回头一看，猫已经将自己塞进那个纸箱，眼巴巴地看着你，向你表示它很满意这个纸箱，而对于你买的玩具却不感兴趣。

这样的情况发生在成猫及老猫身上是很正常的，而幼猫通常还处于什么都好奇的状况，对什么东西都有兴趣。不需要太过伤心，让我们谨记这次教训，下次不要再买这一类商品就好。

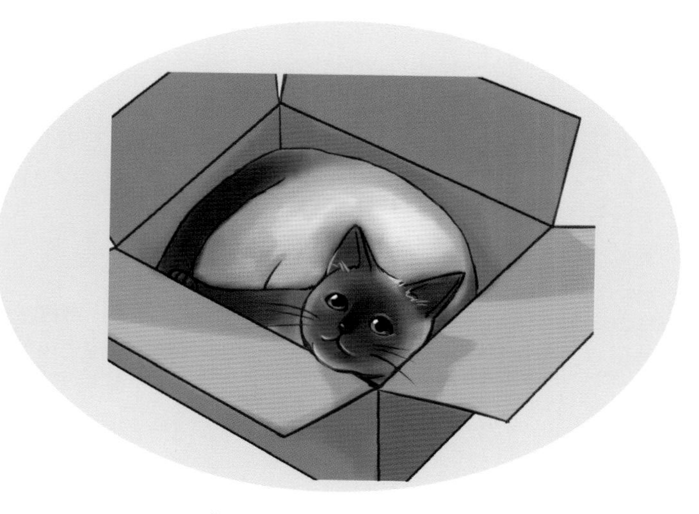

猫总是跳进纸箱中，躺好躺满。

猫玩具该有的样子

虽然你买的是猫玩具，但在设计上却不见得有考虑到猫咪的习性。如给猫咪追逐扑杀的逗猫棒，可能是“猎物”部分的尺寸设计没办法引起猫的兴趣。猫咪喜欢的玩具应该是比猫掌还小的，如果你买了一个猫咪手掌两倍大的玩具，成猫及老猫几乎不会感兴趣。再来考虑材质，能够引起猫咪兴趣是羽毛，塑料片，毛茸茸的球，有宽度的线、麻绳、皮绳、发圈束带……以上这些又可以再细分为不同毛质的羽毛、不同硬度的塑料等。猫咪简直就是材质分析大师，即便我们觉得看起来没有什么差别，但它们绝对分得一清二楚。

猫较偏爱的玩具类型

尺寸	材质
应略小于猫掌	· 羽毛 · 塑胶片 · 毛茸茸的球 · 有宽度的线、麻绳、皮绳 · 发圈束带

目前市面上有一款猫草包是做成沙丁鱼、鲷鱼烧、秋刀鱼的形状，造型可爱有趣，创意十足。但有些尺寸实在太大，长度达50厘米，其实大部分的猫咪不会使用体型比自己大太多的玩具。

猫草包可以和猫的身体差不多长度，因为这个玩具的作用是给猫咪练习“兔子踢”的。猫咪在攻击时会使出这个绝招，就是将两只前脚环抱猎物，再用两条后腿快速用力地踢对方。猫草包的表层材质可以是牛仔布、麻布类的，这两

抱踢枕可让猫咪练习“兔子踢”的技巧。

种材质较容易受到猫咪喜欢。而里面包的猫草，就看猫的喜好了，有些猫咪只对特定气味的猫草有反应，所以要试过才知道自己家的猫偏爱哪一种猫草。

这里建议大家，帮猫咪买玩具有几个阶段，当你还无法确认猫咪喜欢哪一种玩具时应该多多尝试。若发现猫咪喜欢皮毛类、绳子类之后你就有了方向，往后可以朝这类型的玩具下手。千万不要因为猫咪不玩就不再购买，这样猫咪就会没有可以玩的东西，有可能会对家里其他的事物，比如家具、猫同伴动歪脑筋。

玩具玩一下就不玩了

猫咪的游戏行为分为以下几种：兔子踢、追逐、扑杀、埋伏、叼着走、拨弄。

对猫草包兔子踢这件事，不会是每天都需要，假使一只成猫大约一周踢一次，或是2~3周踢一次都有可能。猫进行兔子踢的频率就是几周一次，所以看到猫只踢了5分钟就不使用了是正常的，只是因为频率比你想象中低，你才认为猫咪不爱玩了。

猫咪各种游戏行为的频率

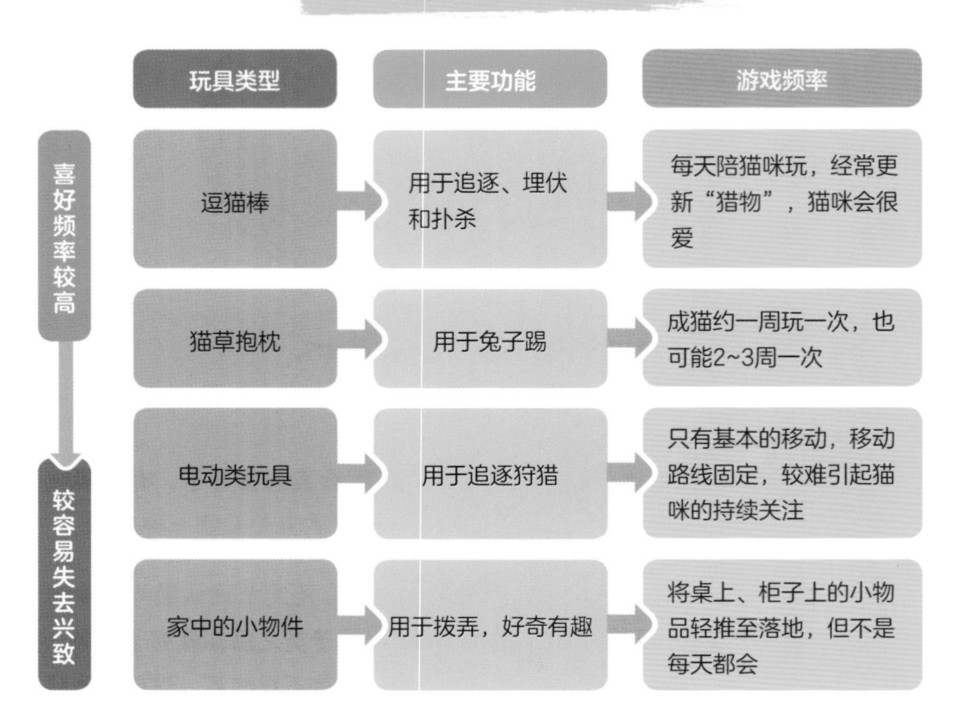

电动类玩具被宠爱的时间也很短，这是玩具设计本身的问题。像是自动滚动毛球、电动不规律飞行蝴蝶，这些自动的逗猫神器对付两个月大的幼猫是可以的，但也是两天后就被打入冷宫。因为猫咪的狩猎行为还是需要有互动的，猎物需要躲藏和逃跑，而电动的逗猫玩具只能做到在固定路线移动，且移动的方式没办法引起猫咪的兴趣。

追逐、埋伏和扑杀是出现频率比较高的游戏行为，所以每天陪猫咪玩逗猫棒，只要记得更新“猎物”，猫咪都会很赏脸、很配合。

观察猫咪的游戏频率

每只猫咪执行每一种游戏行为的频率都不一样。饲主可以观察各种行为一周会出现几次，视情况陪猫咪进行需要的游戏。与其说猫咪玩一下子就不玩了，不如说猫咪一下子就玩够了。

拨弄的行为可有可无，当猫咪在家里发现有趣的小东西，会好奇地将它轻推，推着推着这个小东西就会坠落于地，接下来猫咪也不会再做什么，就这样完成了一个短暂无聊的仪式。这种游戏需求可以用益智玩具来满足，但不见得是每天必须要有的游戏行为。

∴ 居家生活笔记 ∵

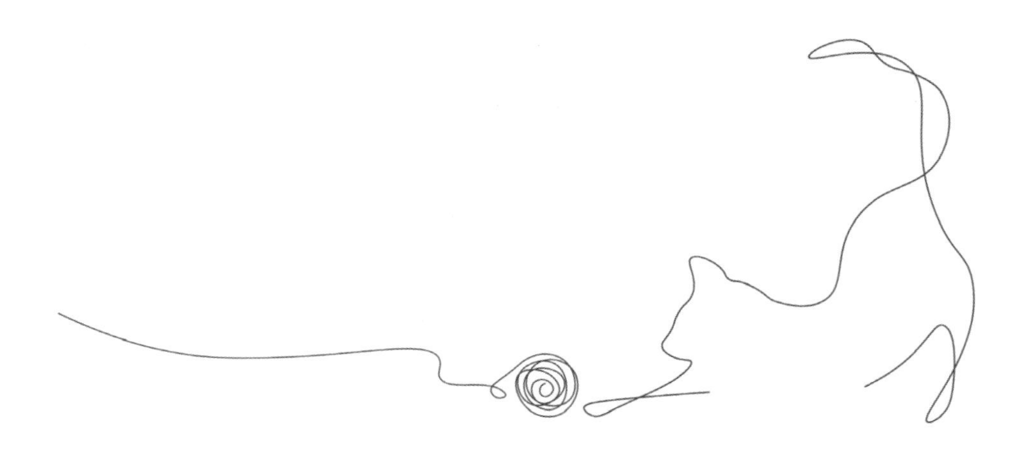

19

猫玩欢了，人累垮了

游戏多久时间才足够

经常听到饲主抱怨说：“我已经陪它玩一个多小时了，它怎么看起来还不累呀？而且晚上都不用睡觉，我白天还要上班呢！”自从养了一只猫，天天带着黑眼圈到公司上班，我想应该是不少猫奴没料想到的事。

究竟猫咪需要的游戏时间要多少才足够？又是怎么安排比较妥当？

虽然每只猫咪的年纪和需求不同，并没有固定的答案，但我们仍可以先制订一套基本流程。首先，你的猫不需要连续玩一个小时，你可以把这60分钟分成3次，每次20分钟。一天3次，每次20分钟，胜过一天集中一次60分钟。因为猫咪游戏的频率是需要次数多，但持续时间不长的。即便一次玩了很久，可是对猫咪来说今天也就只玩了一次，所以你反而把猫咪放电的时间都集中在一个时段了。并不是所有的猫都需要一天3次的玩耍时间，但如果你有猫咪过于兴奋的困扰，一天分3次是最低标准，随着年龄增长，活动力下降或是趋于稳定，可视情况调整成一天1~2次。

每日一小时的游戏时间可分成一天3次，每次20分钟。
因为猫咪的游戏次数多，但持续时间不长。

猫咪玩耍的时段怎么定

并不是说猫咪半夜想玩，我们就要起床陪它游戏，而是你需要先观察出猫咪比较活跃的时间，且这时间刚好是你可以配合游戏的时间（假设 A、B、C 三个时段）。

而在不方便的时间像是睡觉中、早上赶着出门前，都不需要配合猫咪游戏。你只要每天都固定在 A、B、C 三个时段满足猫咪，猫咪就会习惯在该时段准备游戏。这里我们利用了它们“讲究规律”这个天性。你的睡觉时间就是睡觉，绝不要因为猫咪无聊吵你睡觉，就起来陪它游戏。这样会让猫咪搞不清楚什么时候可以游戏，且猫咪也会很自然地学习到，只要它有需求，用一些你会搭理的方式跟你沟通，你就会起来满足它。

偶尔一两天不玩游戏，猫咪会不会失落

首先要了解，狩猎是猫咪天性的基本需求。猫养在家中，环境里没有了自然猎物，就必须由你手上的逗猫棒来扮演猎物。如果偶尔一两天，甚至两三天没有陪猫咪狩猎，并不会有立即性的问题产生。但是突然长达一两周没有让猫咪狩猎，接下来可能就会慢慢产生行为上的问题。

换个角度想，就是猫咪的生活中有一件重要的事消失了。

当然，并不是所有的猫都需要疯狂狩猎。有些猫喜欢在窗边吹吹风，偶尔追追羽毛，有些猫则是无法一日不出门散步。所以，应了解猫咪对狩猎的需求有多大，并尽可能满足。

20

猫咪也有益智游戏

益智玩具的功用

益智玩具，能让动物手脑并用，通过自己的办法获得自己想要的奖励，并从中获得成就感，同时达到排解无聊的作用。

益智玩具对于室内猫来说尤其重要，目的是让猫咪待在家中能够靠自己独立完成事情，而不需要饲主陪伴或是提供帮助。这里指的不需要陪伴是暂时的，而不是指猫咪有了益智玩具就可以完全不需要饲主的陪伴。益智玩具扮演的角色是代替饲主与猫咪进行互动，弥补室内单调环境的不足。

让猫咪独立完成非常重要，如果凡事都要靠饲主来执行，猫咪就会由原本独立的特性变为过度依赖，这样的环境条件下会使猫咪养成非常需要饲主的关注，学会经常喵喵叫来促使饲主协助它完成自己无法完成的事情的坏习惯。如此一来，猫咪的生活就会变得只有饲主在家的时候才有游戏、吃零食、互动等，饲主一旦成为了猫咪生活的大部分重心，忙碌起来或是晚归的时候就会让猫咪没有其他事情可做，只能默默等待，增加焦虑的可能性。

通过益智玩具，猫咪可从中获得成就感并排解无聊。

益智游戏的玩法

益智游戏提供的奖励可以是猫喜欢玩弄的小玩具或是零食，猫咪能够将食物或猎物从里面捞出来就算是获得了奖励，不需要再另外给予奖励。

猫咪玩益智游戏是“三分钟热度”，它们并不会执着于这件事情太久。即便里面有8个零食，捞了5个还剩下3个就会不再继续，但没有关系，过几个小时后猫咪还是会把剩下的捞完。如果猫咪总是超过一天都没有将零食捞完，要思考奖励本身的吸引力不够，提供猫咪心目中高等级的奖励，才会有足够的动力促使猫咪动动手脑。

又或者这款零食同时有更简易取得的方式，例如放在手心让猫咪一口气直接低头就能吃5颗。这样一来，聪明的猫咪绝对不会多费工夫，它们会用过去已经学会的更简单的方式来取得。

我的猫不太会玩益智游戏

益智玩具的类型虽然大同小异，但难易度对猫来说是有差别的。如果一开始选择较复杂的，猫咪尝试两三次失败后就很容易放弃。帮猫咪选购益智玩具可以从简单的开始入手，或者自己动手帮猫咪制作一个也是很好的。

生活中许多物品可摇身一变成为猫咪的玩具。

日常生活中就有很多废物摇身一变就成了猫咪的玩具，像是买手摇饮料附的底座杯架或是蛋盒。这类物品有很多的高低凹槽且造型简单，只要将猫咪爱吃的零食投入，游戏就开始了！不过这类物品通常很轻薄，猫咪在使用时可能会不停位移而导致失败，可以用胶带先把底座贴稳。

如果你的猫咪曾经在玩益智游戏时受过挫折，我们必须找到一款它最爱的零食，然后用超级简单的方式一步一步引导，帮助猫咪成功，方法如下。

先不把零食投入玩具里面，将零食放在益智玩具和地板的交接处，也就是益智玩具外面，让猫咪只要接近玩具就能够获得，不会有失败的机会。重复几次后，观察猫咪是不是很熟练。如果是，可以尝试把零食放在最外圈，或最简单容易捞出的一格；若猫咪动手捞第二下没有成功将零食捞出，饲主需要立即丢下一颗零食到猫咪面前，让猫认为它还是成功的，降低挫折感。渐渐地，猫咪就会明白原来是这么一回事。

一般来说，幼猫几乎不用引导，因为这是本能，年纪越小的猫咪越容易尝试。年纪越大的猫咪通常会因为长久以来的进食习惯，而无法一下子恢复本能，并且也较容易放弃，饲主需要多一点耐心。

益智游戏怎么安排比较好

当猫咪在家无所事事走来走去，而你又正好有其他要事在身，不便奉陪，这就是摆出益智玩具的时刻。不需要固定时间或地点，但需要注意每天使用益智玩具的次数最好不要超过两次，这样才有办法让猫咪积极地在意这个难得的时刻。

家中不止一只猫咪的话，要注意有没有哪一只猫咪总是抢不到。这是可以多只猫一起玩的游戏，但需要确保每一只猫都能获奖，所以奖励数量也需要随着猫咪数量进行增减。

有时候我们也会发现一种情况，那就是一只猫咪坐着等待另一只猫咪捞出奖励后，正大光明地坐收渔翁之利，直接把别人的奖励吃掉。为了减少此状况发生，可以在最开始的时候让两只分开使用这个玩具，当猫咪都分别学会这件事时再让它们一起淘宝。

∴ 居家生活笔记 ∵

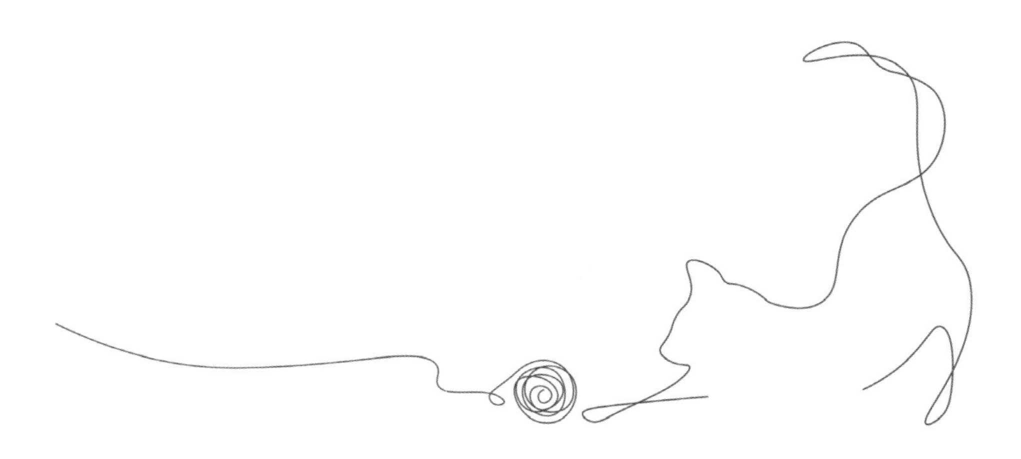

第五章

猫奴之惧：猫咪咬人

网络上经常有人分享自己被家里猫咪咬的经验，并且有许多同病相怜的猫友互相安慰，似乎猫咪咬人这件事情很正常。请大家不要再误解猫咪了！事实上，猫咪的天性里必须狩猎，但对象只限于比自己体型小的动物，绝对不会是人类。

有些时候，也会发生家中猫咪瞬间猛扑向我们的脚用力抓咬，或突然咬住我们正抚摸它们的手的情况。每当这时，大声喝斥、拍打阻止都无效。伤痕累累之余，心也好累啊！这一章，就让我们好好了解猫咪“为什么咬我”。

21

爱猫的人常被咬：为什么受伤的总是我

“咬”其实是一种沟通和表达

当你发现猫咪不太咬其他家人，却总是咬你咬得最严重，那么问题肯定出在你的行为上。

猫咪咬你，不一定代表喜欢你或是讨厌你。“咬”其实是一种沟通和表达，这是和饲主生活在一起日积月累发展出来的学习结果。

举个实例，曾经有一个饲主非常爱干净，他在猫咪排泄完后会将猫咪抱过来擦屁股。擦屁股的过程中，猫咪因被翻过来肚子朝上便会不断扭动想挣脱，日复一日，猫咪就进阶成用咬的方式来挣脱。

在猫的逻辑里，当它发现用咬的方式可以加快逃脱的速度，或是发现咬用力一点饲主会松手，增加逃脱成功的机会，于是每天就会通过擦屁股这件事，不断地练习咬你。这样的相处模式也许猫咪就仅止于擦屁股时会咬，平常不会发生其他咬人情况。

但往往事情没有那么简单。如果饲主擦屁股的方式和时间让猫难以接受，令猫十分厌恶又频繁发生，同时这只猫生活中又有其他压力，那么咬人问题就会慢慢严重，变成平时抚摸到特定部位时都会过度反应。如只要触碰它几根猫毛，就令它立刻想起不喜欢的坏事，便瞬间咬人。不过饲主往往没观察出一系列事件的关联，总是认为猫咪突然咬人、爱咬人、没缘由的看心情咬人。

不勉强猫咪做“为你好”的事

猫咪并不知道你勉强它做的事情是为它好，它会以自己的感受判断好与坏，判断自己喜欢或不喜欢。所以，哪怕饲主做了一堆奴才事，铲屎、擦屁股、擦脚、洗澡、抱起来，都是出于对猫咪满满的关爱，但操作方法令猫咪不舒服或是害怕，就会吃力不讨好。

再举一个常见的实例，猫咪不是为了咬你而咬你，而是因为你给的反应最多。

曾经遇过一位非常怕痛的饲主，猫咪第一次咬到他，是因为饲主挥动逗猫棒时，手和羽毛“猎物”的距离太近，猫咪扑抓时不小心也咬到了饲主的手，但却同时发现饲主的反应超级大。饲主有时候会为此大叫：“米米！很痛啊！”“哎呦！不要咬了好吗？”；有时甚至投降，任由猫咬。

猫咪压低身体蓄势待发。

几次后，聪明的小猫就发现咬你比较好玩。饲主和我们叙述此事时稍微比手划脚，猫咪就会开始在旁边盯着看，接着压低身体摇屁股，准备狩猎。这种状况就是猫咪一看到你就想到每一次都精彩好玩的咬手游戏。相对的，如果你发现其他家人和猫咪的互动是你想要的，不妨观察一下他们之间的互动和应对与自己的有什么不同。

22
猫咪咬人怎么办

先厘清猫咪咬人的原因

猫咪咬人有3种情况，以下分别说明。

情况一：狩猎行为

更准确来说是模拟狩猎，也可以说是狩猎游戏行为。大部分饲主抱怨的咬人问题都是属于此类。

猫咪真正的目的并不是要咬伤我们，也不是牙齿痒，更不是需要满足啃咬需求，只是我们的动作回应让它误以为人也喜欢和它玩狩猎，或者它没有找到其他更合适的狩猎对象。猫咪被饲养的环境中若没有足够供其进行狩猎的小活物，就会将狩猎目标转移到我们（人）这个大活物上。而每一个被咬过的人都会反射性地做出移动、发出声音、关注猫咪等一系列的反应，猫咪就会更喜欢用咬的方式来满足欲望。

既然是太过无聊误把饲主当作狩猎的好对象、好朋友，那我们就先满足猫咪的狩猎欲望，引导猫咪狩猎你准备的逗猫棒，也把你平时被咬时又跳又叫的反应运用在猫咪抓到逗猫棒上，让猫咪在狩猎逗猫棒时获得更多乐趣和成就感。谨记一个准则，就是“在猫咪咬你之前，先陪猫咪玩逗猫棒”。

情况二：猫咪身体被刺激过度所引起的反应

例如，吸食猫草后猫咪变得非常亢奋，若再被饲主拍屁股会对其造成过度

猫咪可以 / 不可触碰的时机

状态		说明
不能触碰的时候： 猫咪正紧张时		身躯胀得像充饱气的气球，这时你的手就像一根针，一碰它，它就爆炸了
不能触碰的时候： 猫咪在理毛，自己专注做某件事	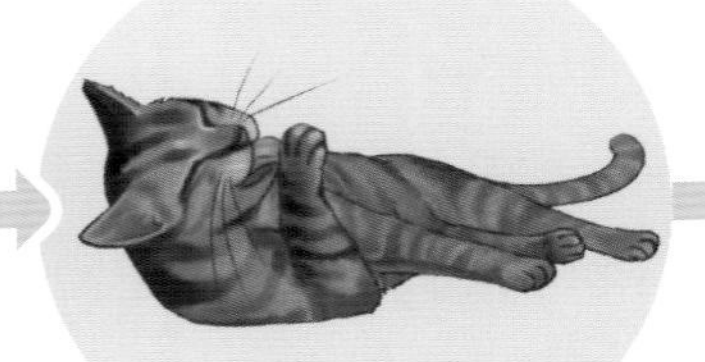	没有意愿互动，也不主动接近。这时猫咪不喜欢被触碰，也不想接近你，因此对你的手反感
最佳触碰时机： 猫咪主动亲近时		通常是欢迎你回家，以及主动讨饭的时刻。多次在对的状况下抚摸猫咪，带给猫咪良好的触碰感受，会让触碰机会大幅增加

刺激；或是饲主触摸的方式让猫咪感到不舒服，包括不想被抓住的时候被抓，都会引来猫咪反咬一口。

遇到这种情况，只要停止动作，猫咪便也不会继续追究，这一口就只是警告而已。更重要的是，你必须了解你的猫可以接受被触碰的部位，还有被触碰的方式，避免重复犯错。一次又一次的刺激，会让猫咪对此状况的耐受度降低，每一次咬人的反应也会越来越大，所以必须看懂猫咪当下是否可以被触碰。

情况三：出于防卫的攻击

对人极度不信任。曾经被体罚过的猫咪，或是被捕捉过、认为人类要伤害它的猫咪，就会出现这样的行为。

这种攻击情况留下的伤口，绝对不仅仅是几条小血痕，还会有一些打洞般的齿痕。并且在攻击前会有长声尖叫，或是放慢速度、耳朵压平、瞳孔放大、吞咽口水等的肢体语言。遇到这类问题，应该避免和猫咪近距离接触，也要避免做出会刺激到猫咪的行为。如果是某位特定的家人会与猫咪冲突，应将两方完全隔离，确保双方安全，并尽快寻求专业协助，千万不要和猫咪硬碰硬，这样会使情况越来越糟。

已经玩过逗猫棒了，猫还是咬我

不少陪猫咪玩逗猫棒的饲主，在游戏之后还是有被咬的问题，因此怀疑猫咪是不是精力旺盛还想继续玩。

其实，无论猫咪精力多么充沛，也不会在你和它折腾了一个小时后还是玩不够，尤其是超过一岁的成猫。一般猫咪不会有这么长时间的打猎需求，这样的状况就要考虑它咬你的其他可能，是它有其他需求，或是你在操作逗猫棒中出现问题。

玩逗猫棒的过程中如果时常有被咬到手或脚的情况，是因为猫咪正在执行狩猎，已进入完全狩猎的状态，且饲主的手脚又距离猫咪太近，猫咪就会反射性地抓咬到你的手脚，也代表你的猫还没有学习到饲主的手脚不是猎物。否则一只已经完全认定手脚不是猎物的猫咪，即便在狩猎状态，也不会搞错目标。

假设逗猫游戏整个过程10分钟，而这10分钟内，猫咪咬咬你的手又抓抓逗猫棒，再抓抓你的脚咬咬逗猫棒。这对猫咪来说便是一场抓手抓脚抓逗猫棒的游戏，同时也是在强化猫咪抓咬手脚的行为，所以逗猫游戏记得保持距离，以保手脚安全。

另一种状况是游戏当中控制得很好，但游戏刚结束没几分钟猫咪过来咬你，感觉上还想继续游戏。这个原因是猫咪在被开启狩猎模式后，你突然将游戏结束了。

逗猫棒消失了，但是猫咪还在狩猎状态，所以会将目标转移到你身上，或是同伴身上，便就近挑一个它习惯狩猎的对象继续狩猎。建议每次游戏结束给猫咪抓到最后一次逗猫棒时，将逗猫棒放下，让猫咪有个目标在。猫咪会守在静止的逗猫棒旁边，5~10分钟后慢慢结束狩猎模式，这时再将逗猫棒收起来。

23

小猫天生爱咬人，长大就不会了吗

猫咪爱咬人是天性吗

天性的意思是，某个事物本身就会引起猫咪极大的反应。像是猫咪看到小鸟振翅高飞就会飞扑，或是看见草地里的小虫就会用爪拨弄。且天性无法靠训练来改变，例如养一只会飞的鸟在家里，不可能训练豹猫不去狩猎。

如果猫咪能够与小鸟共存而不狩猎也不是违反天性，可能它们从小就在一起长大而成为一个特例。但是猫咪和人之间，咬人是后天学习而来的，并且也能靠训练和互相理解来改变，所以绝对不存在“猫咪爱咬人是天性”这回事。

幼猫咬人手脚不会控制力道，能让其他猫教它吗

如上所说，如果猫咪咬你是为一种需求沟通，那么长大之后并不会无故变好。

那为什么大家会有“幼猫长大后，就不怎么咬人”这样的错觉?

原因是幼猫的狩猎时间长，睡眠时间短，活力充沛，所以每天咬饲主的频率也高。随着年龄增长，且起码要超过一岁，猫咪的狩猎时间才会比较明显减少，因而饲主“被狩猎”的频率降低了许多，跟小时候比较起来，的确是好多了！但其实如果没有厘清猫咪咬你的原因，即便长大了，咬人的行为依然存在，只是较少发生而已。

幼猫这个年纪有大量的狩猎需求，当它们和年纪相仿的同伴互相练习狩猎时，就是在学习技巧及力道控制。正常的状况下，没有一只猫咪会因为游戏把另外一只猫咪弄受伤。也就是说，猫咪本来就会控制狩猎游戏的力道，如果有造成受伤，要思考可能不是游戏打斗或单纯偶发意外所致。

错误回应，让猫咪越咬越上瘾

为了避免猫咪咬人，我们得避免不经意的错误回应。

对猫咪大声斥责

声音与动作变得和平常反差很大，大部分的猫咪会以此为乐。

拿玩具塞给它

塞玩具的动作会让猫咪获得一种半推半就、你来我往的互动印象。

装死不动，但是最后动了

如果猫咪从第一次咬你开始，你就不曾有过反应，那么几次之后猫咪就会失去兴趣。但大部分饲主都会忍不住，所以猫咪会因此尝试咬久一点或是用力一点，最终会获得成就感。

把猫咪抓走或推开

猫咪正在咬你的时候将猫咪抱起、抓走、推走的动作都需要触碰到其大面积的身体，抓的动作又像是猫咪之间的缠斗压制，猫咪就误以为你也要和它玩狩猎游戏。

和猫咪对话，好好劝说

猫咪听不懂你说话的内容，对它来说就是一种关注和反应。

关笼或关房

将猫咪关在一个空间限制行动，它无法了解这是被“处罚”，猫不能理解自己是“做错事”被关起来。当你将猫咪抓去关起来，这个过程猫咪已经获得反应了。

表演哀嚎崩溃给猫看

猫咪无法辨别出你疼痛与哀嚎的情绪是什么，只会觉得你好像和平常不太一样。它们不像狗可以分辨出人脸上的喜怒哀乐，所以猫咪并不会因为发现你难过而停止咬你。

左闪右闪

会动的东西最能引起猫咪兴趣，所以你闪躲的动作正好大大吸引猫咪，越咬越有趣！

为什么幼猫咬我们的手脚就会破皮流血呢

这和我们缺少毛发覆盖的皮肤无关，你会发现即使穿了长裤长袜，猫咪还是有机会弄伤你。仔细回想一下，猫咪小的时候刚开始尝试咬你时是否力道比现在小，后来力道越来越大？这个问题其实是渐渐变严重的，这代表每一次猫咪咬你时，你回应的动作和方式恰巧让猫咪越咬越带劲。

总的说来，即便一只猫咪和猫同伴互相狩猎也不会咬伤对方，但换作饲主若没有以正确方式应对，只会被咬得破皮流血。

居家生活笔记

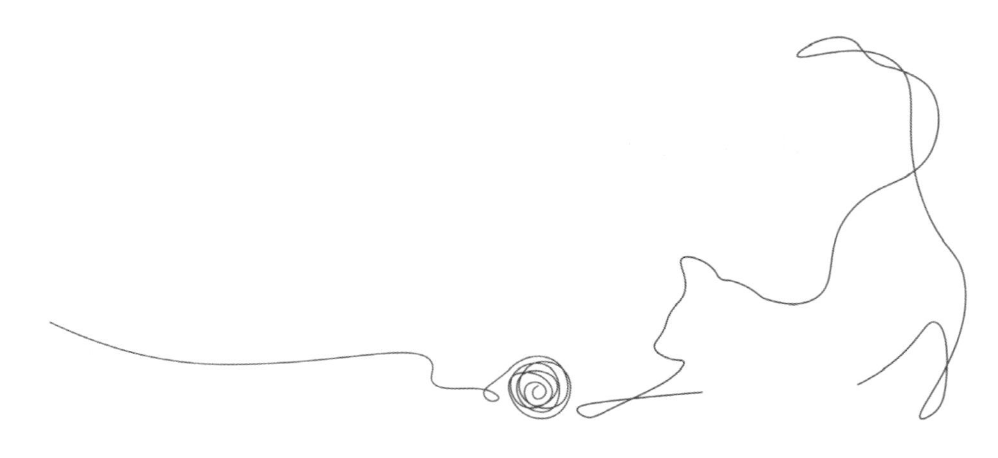

24
暴力处罚不可行

能不能用喷水、喝斥或关笼，来处理咬人问题

有人说：“猫咬我，我就制造大声音、喷水把它吓跑，它就停止了！”也有人说：“猫咬我时，你的那些方法我都试过了，没用！还打它屁股、大声怒吼、抓去关，但就是一直咬。”

这些看似有效的方法，其实潜藏了更多可怕的危机。

无论是限制自由的关笼、给予身体上疼痛处罚，还是精神上的威吓，都为处罚。有的人认为处罚奏效，于是鼓励其他人也尝试看看。而每一只猫状况不同，每一位主人操作的方式也有差异，所以每个人都将得到不同的结果。

有一种状况是猫咪当下会放弃咬人，表面上阻止成功了，但日复一日，这个咬人的问题依然存在，需要每次不停地阻止。也许真的不太咬你了，却改咬其他同住的家人。我们的目标应该设定在让猫咪完全不想咬人，你不需要想尽办法来处罚猫咪，也不需要纠结被咬的当下该尝试哪一种方法。

“处罚”的确是一种方式，可以帮你解决当下的困扰，但处罚同样也会带给猫咪恐惧、挫折、焦虑等的情绪问题。

而攻击行为背后真正的原因，来自没有安全感的防卫机制被启动。当猫咪搞不清楚你为什么变得这么可怕，变得似乎会威胁到它生命，这时它对你的所有信任都将化为乌有，这就像是曾经和你很亲近友好的朋友或家人伤害了你一样。如果是毫不相干的人骗了你，可能一天之后你就完全消气，不至于长时间伤心或担忧。

这样的逻辑用到猫咪身上也是一样的。即便后来努力表示出善意，也很难让猫咪回到当初对你的信任。因为它无法确认未来会不会再度发生恐怖攻击事件，生活得战战兢兢，成为了一只有压力而不快乐的猫咪，间接影响到同住一个屋檐下的所有同伴和与它们的互动。

以暴制暴的处理方式，让有些猫咪因此而变得攻击性强。有些则是日常生活中没有什么异样，但因为长期的精神压力，面对突如其来的声响或是影像都会让猫咪过度反应，瞬间就出现了令饲主不解的攻击行为。

处罚的副作用还有一点，就是让猫咪不再发出和你沟通的讯号。

猫咪面对害怕的事情的第一反应是立即撤退，不过室内猫通常因为无路可退而会选择面对。它们会直接对着产生威胁的目标哈气，或是挥两三下猫拳试图打退敌人。每一个哈气和动作，都是尝试沟通的举动。如果猫咪发现还是没有吓退敌人，甚至敌人还做出更激进的攻击，猫咪就会认为肢体沟通是无效的。那么，下次再度发生类似事件时，它们就会省略哈气、低鸣、挥两拳等的警告，而采取直接火力全开飞扑而上的行动。

当猫咪负面情绪上升，用行为提出警告时，若我们适时停止，接下来大家就会相安无事。一旦猫咪不再提供讯号，我们往往来不及反应，于是瞬间两败俱伤。如果你认为猫咪已经不带任何讯号就猛烈攻击，并且曾经有对猫咪体罚造成猫咪的阴影，多半得给猫咪长期服用精神药物再搭配行为调整，才能够改善你们的生活。

家猫会直接对着产生威胁的目标哈气。

关笼会不会造成猫咪恐惧

无论什么原因将猫咪关在笼子里或是房间，超过猫咪可以忍受的时间就会产生问题。猫咪的探索欲望是最基本的生存需求，如果无法满足，也会产生其他行为问题。

假使我们因为猫咪乱尿尿而将猫咪关在笼子里，我们只获得可以暂时不用清理可怕猫尿的快乐，但很可能因为关笼而产生新的问题行为，例如过度喵叫、焦虑。这些行为实则说明猫咪心理已出现问题，比一般不喜欢猫砂盆而乱尿尿的问题要严重得多！毕竟猫咪不可能关上一辈子，还是要调整笼子以外的环境，才能够让乱尿尿的猫咪恢复正常。

不处罚又可以解决问题的方法

关于猫咪给你带来的种种困扰，应抽丝剥茧来探寻根源，不外乎是天性不满足，或是饲主看不懂猫咪状态，用了错误的方式回应猫咪，才导致问题变严重。所以，抓出问题根源是第一步！

我们来假设两种不同处理方式，看看两种不同选择的结果。

主诉

猫咪每天迎接饲主回家，接下来不定时地啃咬饲主，尤其是饲主在沙发上看电视时，直到隔天早上饲主再度离家上班才中止。

问题频率与程度

饲主破皮，可以看到伤口愈合后一条条的结痂，每日被咬8~10次。

训练师判断根本原因

猫咪室内生活太过单调，平时门窗紧闭，饲主不在家的时间猫咪只能睡觉，直到饲主回家猫咪终于可以和饲主有互动。而这个互动，是每天猫咪最期待的咬饲主游戏。

处理方式一

被咬时不给予猫咪反应，并且准备更好玩的游戏，替换不同的猫玩具，让猫咪尝试不同的零食，让猫咪去期待今日的惊喜，同时先满足猫咪的游戏欲望后再开始看电视。

设置猫跳台，架好防护网，让猫咪可以看看窗外风景，不再做一只与世隔绝的无聊猫。

结果，猫咪因为发觉有更多好玩的事，不再把咬饲主当作唯一乐趣，且白天有风景消磨时光，晚上也不再集中火力猛咬饲主，饲主和猫咪的互动变为在一起游戏、睡觉、趴在饲主身上陪看电视。

处理方式二

被咬时抓起猫咪大骂。猫咪再咬第二回时饲主决定拿拖鞋丢过去，猫咪吓到毛发竖直，弓起身体频频哈气，最后猛烈攻击饲主的手脚，留下许多渗血齿痕和抓痕。

结果，人猫关系紧张，猫咪时时刻刻都紧盯饲主的动作，饲主弯下腰拿猫咪附近的物品就被猫挥“拳”攻击，也对穿拖鞋的脚做出攻击，已经没有办法一起再在床上睡觉。

第六章

令猫奴头痛万分的随处大小便问题

猫咪尿在砂盆以外的地方，有可能是出于生理因素，也有可能是心理因素，当然也有可能两者并存。饲主第一件事情是要先确认猫咪的生理状况，请医生检查有没有泌尿系统的问题，或者脚掌、关节有没有不舒服。任何让猫咪认为上厕所不舒服的疼痛感，都会改变猫咪的行为。

有时候我们会遇到一种状况，就是将猫咪排泄不舒服的状况治疗好之后，猫咪仍没有恢复在砂盆上厕所的习惯，还是会在床上尿尿或是其他地方大便。这是因为之前上厕所不舒服的经验已经让猫咪排斥原本的砂盆，并且学会在其他它认为舒适的地方上厕所，所以即便身体恢复健康了，还是会留下先前事件中培养出的习惯。

25

猫总是尿在我的被子上，该怎么办

对砂盆的要求是很严格的

无论是身体不舒服或是砂盆不清洁引发的乱排泄问题，处理方式都是一样的。我们必须让猫咪重新爱上自己的砂盆胜过其他家具，让猫每一次上厕所时选择砂盆。

最常引起猫咪乱尿尿在被子上的原因，不外乎是猫咪觉得“砂盆脏了”。我特别使用引号，是由于很多饲主一直强调：砂盆是干净的，猫咪还是乱尿尿。饲主认为的干净是用眼睛看的，猫咪认为的干净是靠鼻子闻的，于是误会就在这边产生了。如果使用有盖的砂盆，常因不通风，导致排泄物的气味累蓄在里面，可以考虑更换成半开放式的，或是完全开放的砂盆。

猫咪身长：砂盆长度＝1 ：1.5

再来是砂盆尺寸大小的问题。方形的、长方形的、圆形的都没有关系，粉红色或是米白色也不影响猫咪的喜好，唯独尺寸大小是你需要替猫咪考虑的重点。一般建议是砂盆长度为猫咪身长（不含尾巴）的1.5倍，让猫咪可以方便转身拨砂。

砂子的清洁度太重要了

砂子应该要时时保持干净。若便盆里已经有三份屎或尿，那相当于猫咪已经两次去了没有冲洗的马桶上厕所。天生爱干净的猫咪肯定认为你的被子永远比它的砂盆干净，于是它会选择较干净的地方排泄。

最好的习惯是你听到猫咪走出砂盆或盖砂的声音，就可以顺手将屎尿铲除。这样可以确保下次猫咪进入砂盆时，砂盆肯定是干净的。如果猫咪进入的时候经常都是不干净的，久而久之，猫咪上厕所前就不会走去砂盆看看，会直接前往它认为干净的沙发或床上乱排泄。

如果你不在家的时间较长，那么可以多增加砂盆数量。目的是当猫咪的一个砂盆不干净时，它还有第二个砂盆或是第三个砂盆可以使用。如果没有准备备选给它，它的第二个砂盆很可能就会是你的床。

摆放的位置也要注意

“听说猫咪需要隐密的如厕地点，使用无盖的砂盆真的适合吗？”

是的，我看到不少养猫家庭将砂盆放在隐密的厕所、隐密的角落，并且用隐密的砂盆，但是猫咪竟在地毯上、床上这些开放的地方排泄，究竟是为什么呢?

原因很简单，你的猫认为这些地方很适合上厕所。其实，整个家对于猫咪

而言都很隐密，因为它是被你饲养的室内猫，而不是外面讨生活的小野猫。在野外当然需要隐密，隐密相当于安全，而室内猫则认为整个家是安全的，所以上厕所时，它考量的是环境中有哪些地方可以作为舒适的马桶。因此，砂盆放在猫咪愿意使用的地方就可以，但需要远离水碗和食盆。

如果住家不止一个平面，建议猫咪活动的每一层楼都放置一个砂盆。假设家里有4层楼，但是猫咪几乎不太会去4楼，那么只需1~3楼各放置一个即可。

不适合放置砂盆的地点

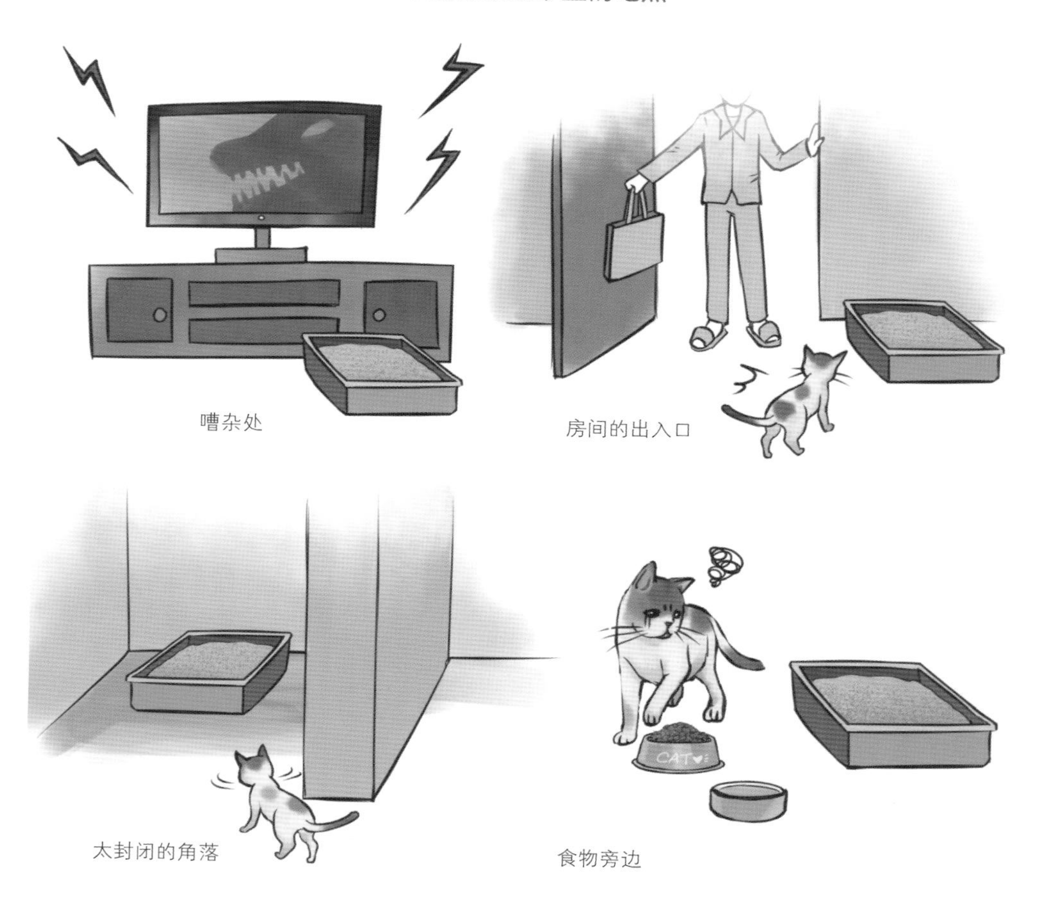

猫咪乱尿尿时，绝不可以这样做

饲主经常和我分享他们使用过无效的做法。让我们来了解一下为什么会无效。

抓猫咪到案发现场，让它看着自己的尿尿或大便，对它进行说教

无效的原因是由于猫咪在不对的地方大小便绝对不是缺乏训练，也不是不懂使用猫砂，更不是故意气你，而是在向你反映砂盆有问题。所以，用言语和猫沟通，请它乖乖在砂盆里大小便，猫咪是听不懂的，必须做出实际行动让它有一个满意的砂盆。

再者，问题发生后将猫咪抓至现场，猫无法从中意识到大小便在这里是不对的、犯错的，它只会觉得饲主突然变得好奇怪，被抓真不舒服。

把砂盆外的大便或尿尿放回砂盆里

猫咪决定在哪里排泄，不需要自己的尿味或是粪便味来刺激。我们在训练狗狗大小便时，的确会用到尿液来引导，不过在猫咪的世界里这是行不通的，不然猫咪也不会到没有沾染尿味的物品上排泄。

把猫咪的大便或是尿尿留一些在砂盆里，猫咪反而会觉得这个砂盆一直是不干净的。

把猫咪抓进砂盆，等待它尿尿后给零食奖励

猫咪绝对知道砂盆在哪里，只要你的猫曾正常使用过砂盆一次，那就代表它会使用，只是后来发生了一些事情让它不愿意使用了而已。所以，任何的奖励，无论是语言表达或是零食，都无法让猫认为在这里上厕所会获得好处而勉强自己在此上厕所。

把猫咪抓进砂盆里反而还可能产生副作用。如果猫对你抱它这件事是不喜欢的，它的厌恶感还会关联到砂盆和你。

猫咪尿尿时用各种方式阻止

猫咪正在沙发上排泄时被你逮个正着，你想吓吓它，希望能让它以后不敢在这里尿尿。如果你真的让它吓破胆了，是能成功让猫不在这里尿尿，但也顺便让它转移阵地，变成到处乱尿尿。这样在往后做行为矫正时会更困难，也会让猫咪和你的关系决裂。

所以，最根本的做法还是调整好砂盆，发生乱排泄的情况时不需要有任何作为，在猫咪离开现场后默默擦拭干净就好，起码这样做不会让这个问题变严重。

为什么猫咪总是尿在砂盆旁边

有一种状况是猫咪的身体是在砂盆里，但是大便或尿尿总会喷到砂盆外，让饲主很怀疑这算不算是乱排泄。如果猫咪有踏进砂盆里，就代表猫咪是想在砂盆里上厕所的，只是砂盆大小或形状不太合适，所以造成排泄在砂盆外的情况。这时可以帮猫咪换一个符合体型的大砂盆再观察看看。

也有一种状况是猫咪尿尿时屁股抬得比较高，造成尿尿一半在里面，一半喷到外面。通常在多猫家庭中比较容易发生这种情况，确切的原因目前尚未研究透彻，可能与猫咪之间相处产生的压力有关，这需要提升猫咪之间的和谐度才能解决。有些猫咪则是服用精神方面的药物之后，方可恢复蹲姿尿尿。

∴ 居家生活笔记 ∵

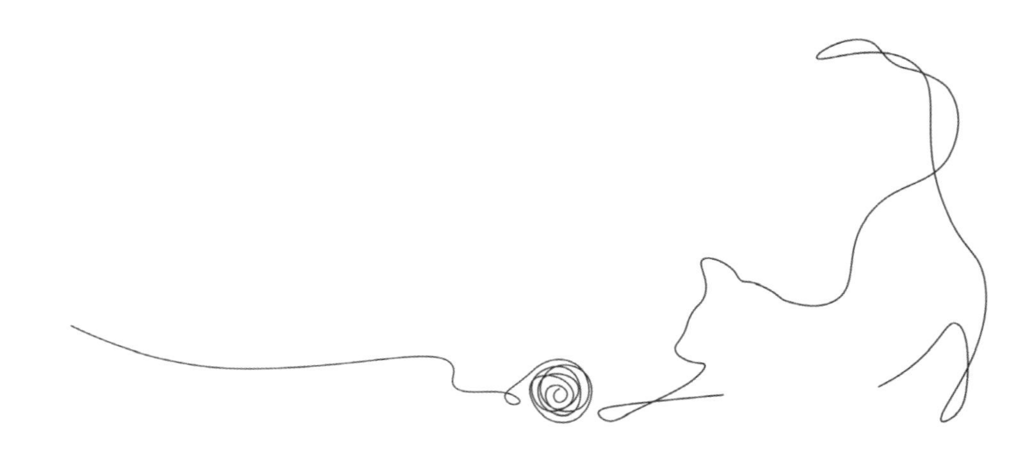

26
为什么猫咪上完厕所后不盖砂

了解猫咪盖砂的本能

猫咪上厕所的标准流程是这样的：漫步走向砂盆位置，先闻一闻然后轻踩进砂盆，四肢都进入砂盆后，会一边转圈一边低头闻砂子，接下来采用蹲姿尿尿。如果是大便，会先左右开挖猫砂后才开始采用蹲姿大便。

大便或尿尿结束后，有1/3的概率猫咪会直接离开，不盖砂其实属于正常行为，因此我们很难训练猫咪上完厕所每次都盖砂。不过，猫咪采取盖砂的动作，有可能借由调整砂子的状态而提高。

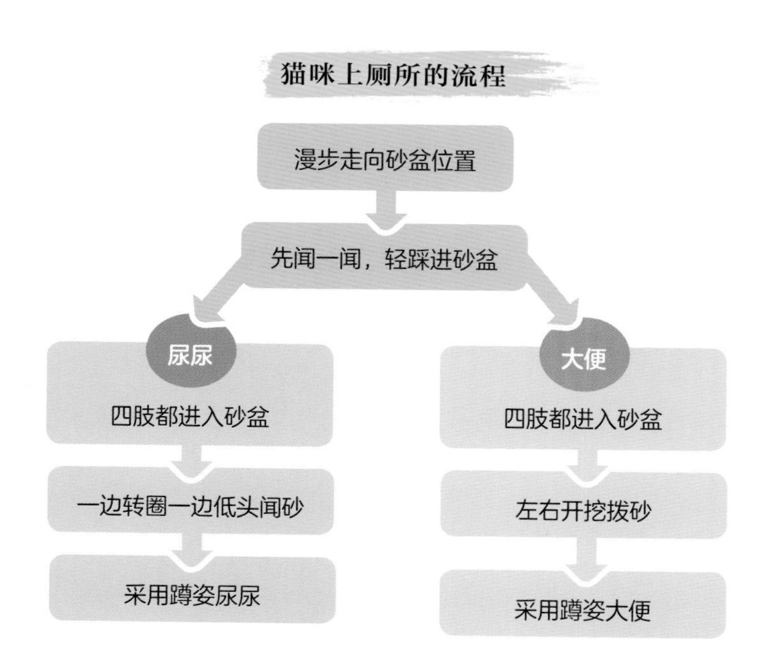

猫咪盖砂原本的用意，一方面是保持卫生，避免疾病传染；另一方面是掩盖自身留下的讯号，以免行踪曝光。

而不盖砂，也有将讯号曝光及不满意猫砂这两种可能。我们无法确定猫咪这次不盖砂的用意为何，但我们可以通过改变猫砂的状态，让猫咪更愿意盖砂。

一般来说，大部分的猫偏好颗粒细小的砂子，因为踩起来柔软舒适。但很多猫咪在小的时候长期使用颗粒偏粗的猫砂，如崩解式松木砂，因此较少会愿意盖砂，经年累月，就会养成上厕所后直接离开不太盖砂的习惯。若有一天帮这只猫将砂子换成细细的矿砂，猫咪就会开始愿意盖砂。不过每一只猫咪状况不同，年纪越大的猫咪往往越不容易改变原本的习惯，要提升盖砂习惯的概率可能不会很明显。

一只猫咪帮另一只猫咪盖砂，是什么意思

当你看到猫咪动手盖的不是自己的排泄物时，不要意外。它不是帮忙盖砂，也不是怕同伴被敌人发现，而是排泄物中某一种物质的气味刺激到猫咪的大脑，促使猫咪做出掩盖的行为。类似的状况也发生在某些食物上，像是某些主食罐头、人吃的臭豆腐，就很容易让猫咪做出掩盖的动作。或者有时候我们看见猫咪在空无一物的地板做掩盖动作，代表猫咪闻到了某种气味，并非是把那样东西当作屎尿了。

为什么猫咪盖砂盖不准，总是扒到墙壁或是便盆边缘

我被问过这样的问题：“我的猫每次上完厕所都会擦手擦脚，是爱干净的表现吗？”

我接着问：“它怎么擦手和擦脚呢？”

饲主说：“就是用爪子摩擦墙壁，把砂子抹干净。”

我一听，就能够想像那个用手摩擦墙壁的画面。那就是平面盖砂的动作变成以垂直方向拨墙壁像在盖砂。

猫咪上厕所正常的姿势是两条后腿弯曲，两只前脚伸直呈蹲姿。盖砂时会轮流用两只前脚将砂子由远处往自己身体的方向拨，重复好几次，直到排泄物几乎完全被掩盖。

那又是为什么我们会看到各种奇奇怪怪的上厕所姿势和盖砂姿势呢？这大多和砂盆的平面大小有最直接关系。市面上的砂盆普遍来看是刚好能够容纳一只猫咪蹲着上厕所需要的大小，但当猫咪要转身拨砂时，身长作为回转半径，其宽度几乎都不符合猫咪的要求。

因此，我们很常看到猫咪在砂盆里上厕所，但是准备盖砂时有一半身体是在砂盆外面的，而两只前脚就不断地朝自己身体的方向扒砂盆外面的地板，或是用前爪擦墙壁等现象。

砂盆太小，不适合猫咪使用。

我也遇过饲主投诉猫咪总是乱大便在砂盆旁边的地上。我们看了监视器后，发现猫咪并没有故意乱大便，而是这个砂盆空间就是那么拥挤，导致大便全都滚到外面。猫咪大完便，回头一看，也是千百个无奈，怎么盖都盖不起来。

∴ 居家生活笔记 ∵

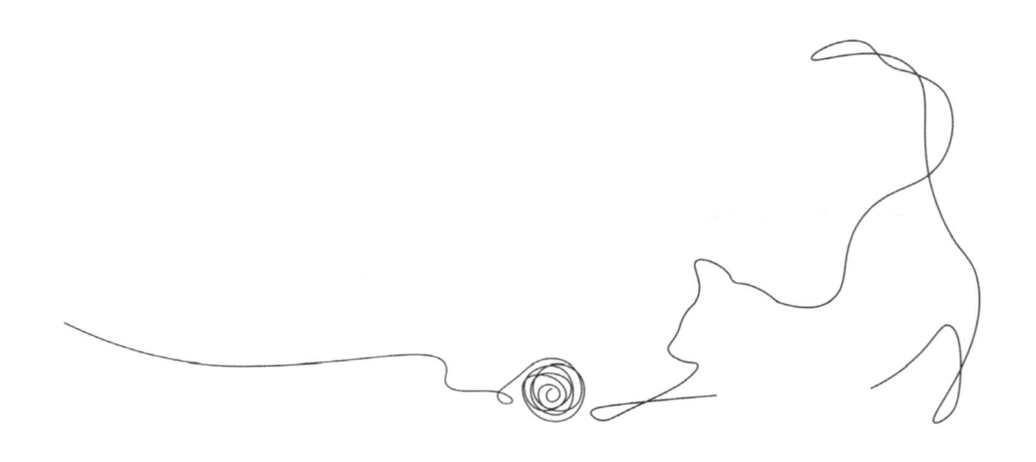

27
喷尿和正常排尿该怎么区分

先观察尿量和姿势

先说说为什么要区分喷尿和正常排尿的重要性。这两种的目的性是不同的，也就是说同样是尿尿在砂盆外，却有不同的意思，表达不同的事情。

喷尿是为了做记号，刻意留下记号给同伴知道。而正常排尿在砂盆内是完全没有问题的，但排尿在砂盆外，就是身体上有不舒服，或是对砂盆不满意了。

尿量和姿势是一个评断的大方向，但不能单看姿势，或者单看尿量很少，就断定猫咪是喷尿。

曾经我就遇过一只10多岁的绝育老公猫，医生检查过没有身体上的不舒服，一天尿尿次数大约10次。砂盆里有，家里地板上有，桌上有，椅子下有，门框也有。每次尿尿都是蹲姿，每次的尿量为在地上是一滩直径10~15厘米的圆。

我当时做了一些环境调整，并且观察了两周，最后请饲主再去检查生殖系统，这才发现原来绝育手术没有做好，猫咪的阴囊还在呢！最后又安排了一次绝育手术，才终于结束这10年来的误会。至于它为什么蹲着尿尿，我想是因为体重过重的关系，其实它可能是半蹲，可能是没站直，也可能是胖胖的猫从视觉上来看让人误以为是蹲着的。

喷尿状况分析

状况一：广告招亲

若是猫咪没有结扎，喷尿做记号的目的就很单纯。发情期的猫咪会频繁地发出叫声，也会喷尿。它们用尿液来留下讯号，吸引异性猫接近。这就像是广告的效果，告诉附近的同伴："我发情了！快点来找我。"

如果你的猫咪还没有进行绝育手术，那么六七个月大之后，你看见家里墙角、地板、门窗框边有少量的尿液痕迹，或是亲眼瞧见猫咪抖动尾巴对着墙壁喷尿，八成就是因为处于发情期了。发情期的猫咪还是会使用砂盆正常排尿，假使你的猫咪以往一天排尿三四次，你还是可以看到砂盆有3泡尿。砂盆以外的地方就是用来做记号的尿尿了。

猫咪抖动尾巴对着墙壁喷尿。

状况二：画出领土疆界

另一种做记号的心理状态是焦虑不安的。你会看见猫咪每天几乎固定在几个地点重复喷尿。如果把点跟点之间连起来，就像是一幅代表势力范围的地图。猫咪每天去补充尿液，是为了用强烈的味道向同伴说明自己的领土范围，试图告诫它们别再侵犯，也可以说是一种避免冲突的沟通方式。

喷尿时几乎是站姿，尿液会比正常排尿时要再少一些。如果猫咪固定喷尿的地方仅限于门窗框附近，有很大的原因是这个门窗框的方向有了入侵者。并不一定真的是有猫入侵，有时候只是眼前晃过去的身影都可能让家里的猫感到不安。

通常是一楼的住家或是透天住宅比较容易有此状况。 对于这种情况，饲主可以采取以下两个简单的做法。

第一，先观察野猫出现的时段。

通常时间是固定的，例如晚上10~11点。在这段时间带猫咪远离现场，拉上窗帘并且和猫咪在其他房间玩游戏，或是进行任何猫咪喜欢且能够分散其注意力的事情都可以。总之就是避开看到其他猫咪的这种刺激所带来的不安。

第二，确认家门外附近起码300米没有喂食地点。

这点执行起来可能会有点困难，不过食物是最直接导致猫咪聚集的原因，如果不断有猫在家门附近晃来晃去，自己家里的猫就会倍感不安。

多猫的环境有较高的概率会发生此类型喷尿问题，猫咪仅会对猫同伴做出喷尿行为来沟通协调，并不会对人或狗等的其他动物喷尿。如果猫咪是对自己家里的猫有到处喷尿的行为，多半是猫咪认为没有属于自己的领土，或者资源的安排让猫咪感到被侵略，只好用尿液的气味让自己可以保有这些资源。

正常排尿在错的位置

当你发现猫咪总是热衷于在沙发上、床垫上、棉被上、包包上、洗衣篮、地垫上尿尿时，就表明它们只是单纯地在喜欢的地方尿尿而已！这些物品对猫咪的吸引之处是材质柔软又干净，且位置方便。

猫咪乱尿的常见原因

	现象	常见原因
喷尿	- 经常尿在墙壁壁面 - 尿量少，用喷的 - 也会在砂盆内正常排尿	- 发情期间 - 画出领土疆界 - 情绪紧张
在砂盆以外的地方排尿	- 沙发、床垫、棉被、包包、洗衣篮、地垫等物品上 - 尿量多，以蹲坐姿势排尿 - 较少或不尿在砂盆中	- 砂盆不够清洁或数量不足 - 不满意猫砂和砂盆 - 压力或情绪紧绷 - 泌尿疾病影响

我常听见饲主这样说：“只有一只猫会乱尿尿，另外一只很乖，它就不会乱尿尿。”

相信各位刚开始养猫时，都知道猫咪是会使用砂盆上厕所的。后天的砂盆环境改变，是造成猫咪乱尿尿的一大主因。也就是说，如果你有两只猫咪，只有其中一只总是尿在沙发上，表示这只猫已经对砂盆忍无可忍，才发展成尿在沙发。而另外一只猫不是不会乱尿尿，只是还没开始出现这个行为。

因此，猫咪若是尿在床上、浴缸等这类面积又大、材质又舒适的物品上，其实动机很单纯，只需将便盆调整成又大又舒适，几乎就可以解决这个问题。但若是尿尿在地板上，没有固定地点或是固定材质，通常情况会比较复杂，多半有生理上的不舒服或心理上的郁闷。

猫咪发情时的喷尿行为有方法缓解吗

答案是没有办法的。无论是叫了一个晚上，或是到处尿尿做记号，都是因为性激素在作祟。除了让猫咪做绝育手术，没有任何方法可以缓解。猫咪在发情的状况下，食欲会明显减少，平常爱吃的食物都有可能不愿意吃。

你会发现猫咪很焦躁，无法静下来。大部分的猫咪在半夜会无法休息睡觉，持续嚎叫一整晚，有的猫咪发情不一定会喷尿，有的猫咪则是喷尿但不一定会持续嚎叫，无论是美食、猫草、玩具几乎都无法使猫咪分散注意力。母猫发情时会变得非常喜欢接触，你会觉得猫咪变得好像很爱撒娇、很黏人，其实是因为发情了，喜欢你的抚摸，也喜欢在地上打滚。

∴ 居家生活笔记 ∵

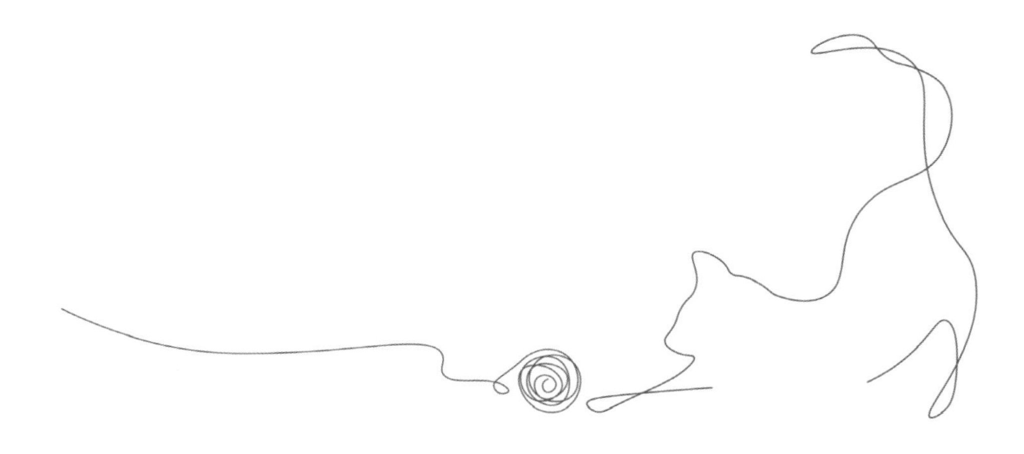

第七章

关于家中猫室友的其他难解行为

喵星人的语言真是不好翻译，许多被喵叫困扰的饲主都会拿着他们录到的喵叫声请我听听看，希望能够知道他们的猫咪究竟在说些什么。

可惜的是，训练师也很难光凭声音就判断猫咪想表达的意思。但是猫在表达的这件事，绝对和被喵叫的人类有直接关系。因为猫咪对人类发出的喵叫声，是跟着特定人生活才演化出来的。如果猫咪会对着你叫，却不会对家里其他人这样叫，那这肯定是你和猫咪之间特有的，并且存在在猫咪生活中不可或缺，必须由你帮忙执行才能完成的事情。

而翻垃圾桶应该是流浪猫的本领，大家都知道这是为了谋生寻找食物的一个正常行为。那么，家猫一再把垃圾桶翻倒，把里面的垃圾满地拖行，但也不见它获得食物，它要的到底是什么？

以下就用两个单元解析猫咪“不明所以的喵叫”和“翻垃圾桶”所要表达的需求。

28
猫咪爱咬电线、耳机线怎么办

了解猫咪玩乐的快感

喜欢玩线是一只猫的天性，没有一只猫能够面对一条细细的线无动于衷，不过我们还是有办法让猫咪获得玩线的快感，同时又能够不弄坏我们的电线、耳机线。

当你将一只猫咪领回家，一开始它对什么都是充满好奇的。除非是一只五岁以上的猫，曾经在其他人类的家生活过，可能对电线这样的东西就见怪不怪。

除此以外，当猫咪在家里探索，遇上长长的线就会开始拨弄，但也就仅限于出手拨弄而已，无需太紧张，那些由插座连接到电器的电线最终都会好好的躺在那里。其实，只要你发现猫咪一开始用爪子拨弄时就不当一回事，那么3天后，你的猫肯定就对每天都一样且又不会动的电线感到无趣。

那么，耳机线和躺在地上的电线差别在哪？耳机线还连有小小的耳机，这个外形像极了缩小版的逗猫棒，偶尔还会悬空垂挂，如此一来，就更引起猫咪的兴趣了。

学习收拾

其实生活中和耳机线类似的物品也不少，像是衣服或裤子松紧的抽绳、缎带、垂挂形的家中装饰，这些东西都会强烈地吸引猫咪。如果是宝贵的物品，或是弄坏了无法对别人交代的东西，就直接收起来，不要给猫咪有任何玩弄的机会。

没办法收起来的线、垂挂的家饰，可以先布胶带缠起来，避免在训练阶段因猫咪去玩弄而制止猫咪。不要用塑料胶带，否则更容易引起猫咪兴趣。接着准备麻绳、塑料绳、缎带等线类的道具，剪下10~30厘米绑在逗猫棒上，开始和猫咪玩这个被允许狩猎的线。

不用担心这样是在教猫咪玩线，当你把线玩转得活脱脱，会逃跑会躲藏又会复活，猫咪很快就会发现这一种线比较好玩，渐渐地就会对其他不动的线失去兴趣。

当你把线玩转得活脱脱后，猫咪渐渐会对其他不动的线失去兴趣。

29

我的猫在对我叫，该怎么理解它的需求

自己难办到的事，用喵叫以驱动你帮助完成

猫咪的喵叫之所以不好翻译，是因为猫咪给的线索太不直接。且难就难在如果平常你帮猫咪执行的事情太多，你不会知道它现在是要求哪一件事。因为猫咪是这样的，如果它想吃罐头，不会对着罐头喵叫；如果它想你帮忙拿猫草，也不会对着猫草喵叫；如果它需要你陪伴吃饲料，也不会对着饲料叫，猫咪只会对着你叫，并且期望你明白它此时此刻的需求。

当你认为猫咪的事情都忙得差不多了，食物给了、便盆也清理了，准备开始忙自己的事情了，没想到猫咪还是没玩没了地喵喵叫。

但是你绝对想不到它居然是在叫着：

“饲料没有加到八分满！”或者“昨天有小鱼干，今天也要吃！”

任何细小的事情，只要是猫咪喜欢的，它都会记在心里。

从日常作息破解喵叫之谜

如何破解喵叫之谜？就是从了解猫咪每天的生活作息开始。

你可以整理一张猫咪作息表，把你观察到猫咪日常的事件写成猫咪日记。只需要清楚记录时间、地点、猫咪在做什么（或者你对猫咪做了什么）就可以，不需要像写作文一样地叙述。

猫咪作息记录范例

时间	地点	事件
9:00	房间门口	喵叫5分钟后，猫奴起床开门喂饭
12:00	客厅窗台	晒太阳睡觉
19:30	房间1	吃A牌鲭鱼罐头
20:00	游乐场	玩逗猫棒

我们用这样一个表格，记录下猫咪的日常，观察1~2周，看看猫咪每天做了哪些事情、吃了哪些东西。

那么，在猫咪喵叫时，就可以推想这个时间点猫咪可能想要求哪一件事情，或者猫咪在意的事情今天是否已经执行了。

因为猫咪是非常有规律的动物，通过作息表，可以有效地帮助你抓准它们在特定时间和地点的想法。也可以说猫咪这样的喵叫，简直就像是设定了闹钟在提醒我们一样。

我到底要不要理会它的喵叫

有时候我们会陷入一种很尴尬的局面。都说猫咪喵叫的时候不要回应，否则它就越来越会叫，那么猫咪在门外喵叫祈求我们开门，我到底是要快点开门，还是等它停止喵叫了才开门？如果饲主在浴室或房间，猫咪每次都叫20分钟以上，难道就要把自己关在房间或闷在浴室，直到猫咪停止喵叫？

相信大家都听过一套训练猫咪的准则：“忽略你不想接受的行为。”这个准则没有错，但一定要建立在确定已经满足猫咪的基本需求之上。

假设猫咪因为没有足够食物而喵叫，那么我们持续忽略猫咪，结果会令猫咪更努力、更大声地喵叫，或者采用其他方式以试图沟通。这样喵叫的情况，

就会变得更严重且复杂。因此，更重要的是把引起猫咪喵叫的事情优先完成，让猫咪了解到原来不用努力喵叫就可以获得满足。在确定满足猫咪后，才能够执行一个准则，就是喵叫的时候彻底忽略。

开门这回事，也是需要看情况来操作的，假使平日里你进浴室或是房间和猫咪分隔开时就会产生喵叫，那么你就需要将日常频繁进出这道门的行动做好规划，让猫咪不会认为这个门一关上就非得要叫才能把你叫出来，也就是说在猫咪喵叫前你就走出来了。

如果不慎听到猫咪喵叫了，可以开门的情况就立刻开门，至少不会让猫咪每次都要叫个二三十声才开门，否则就是在训练猫咪的喵叫功力。

若是饲主睡觉时与猫咪隔离造成喵叫，就不需要起床做任何事情终止猫咪喵叫。因为睡觉是几乎固定时间且不方便做训练的，猫咪可以学习到饲主在固定时间关门睡觉的规律性。也就是固定几点关门和几点开门，让猫咪发现这个规律，自然学习到这段时间它的喵叫是起不了作用的。

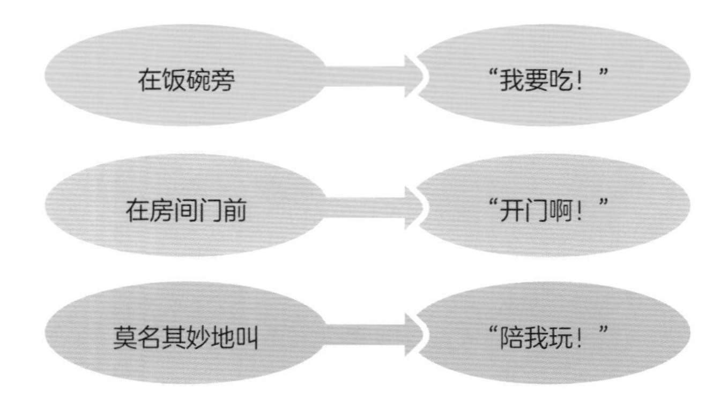

这里强调一个很重要的概念，猫咪喵叫是在表达需求，合理的喵叫是在与饲主正常沟通。我们不是要训练猫咪都不叫，而是理解猫咪喵叫的原因。知道怎么处理，就不会造成猫咪过度喵叫。

∴ 居家生活笔记

30
猫翻垃圾桶怎么办

是为了获得食物吗

实际调查过家猫翻垃圾桶的几种状况，最常见的还是猫咪能在垃圾桶里找食物。可能是你吃剩的咸水鸡残骸，或是它难忘零食包装。但这必须是一只非常爱吃的猫或是非常饥饿没有吃饱的猫才会去做，因为不见得每一只猫对食物都这么执着。

你可能会想，给它准备饲料也不见它吃光，翻垃圾桶真的是为了找食物吗?

先别急着否定，因为垃圾桶里的食物和你为它准备的食物不一样，平常越是得不到的越是吸引它。更何况这个香味就在垃圾桶里频频召唤着，爱吃的猫咪没有理由抵挡诱惑，于是对垃圾桶一探究竟，终于有心者事竟成，它凭借自己的技能获得美食。

必须保证一个月以上猫咪在垃圾桶里掏不到“宝藏”

虽然饲主有时候确认垃圾桶里是没有食物的，但是猫咪有曾经在里面获得“大奖”的经验，便还是会时不时就往里头掏，就是为了确认这次会不会也中奖。除了食物之外，另一种宝藏就是小玩具。把喜欢的小东西挖出来也是猫咪的乐趣，曾经遇过有只猫咪每天都把垃圾桶打翻一次，为的是里面揉成一团的纸球；还有一只猫咪钟爱玩棉花棒，它们折腾了半天就只是为了一个你想不到的小垃圾。

饲主必须保证至少一个月以上，让猫咪在垃圾桶里掏不到“宝藏”，一次都不行，否则猫咪还是会时不时地想来碰碰运气。

对猫咪而言，今天没有没关系，明日没有就再接再厉，后天终于又找到了，就会再次燃起猫咪的希望。反之，若一个月以上猫咪不断地来尝试，最后都没有获得“宝藏”，就会对这件事渐渐失去热忱，失去习惯。

当你确定了猫咪打翻垃圾桶所为何物，就必须让猫咪通过其他方式获得这种乐趣。假使猫咪为了美食，那我们就把它爱吃的零食放在其他可以被捞取的益智游戏里，还可以加一点小玩具当障碍物，让猫咪翻出来吃。如果猫咪为了小玩具，那就培养猫咪狩猎某一样小玩具，再把这个玩具藏得若隐若现，或是摆在架子上，当猫咪在家里巡逻时，就会去寻找这些小东西。

还有一种情况是打翻垃圾桶不为了任何物品，就为了得到饲主的关注。这是因为猫咪做了这件事好几次，发现能引来饲主当下最直接的关注，这个关注还刚好是猫咪喜欢的反应，于是猫咪学习到用这种方式最能引起饲主反应。可以思考看看猫咪哪方面的需求没有被满足，赶快在它把垃圾桶当“服务铃”之前满足它。

∴ 居家生活笔记 ∵

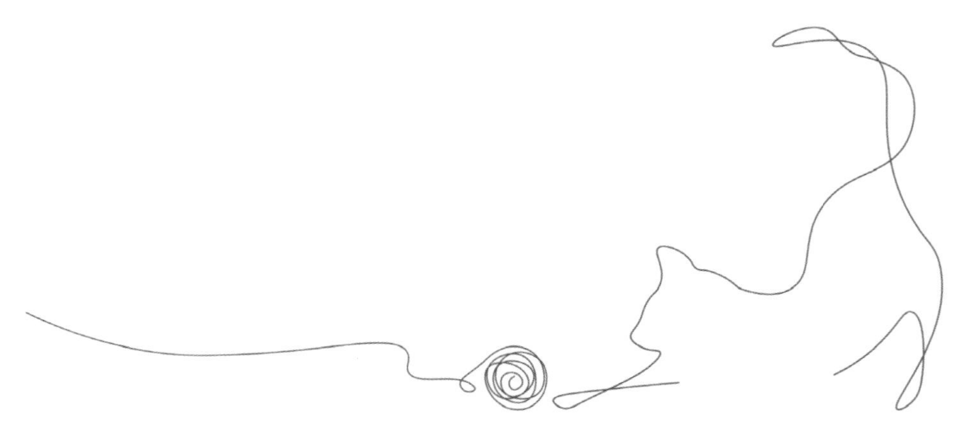

第八章

谁说猫咪学不会

当猫咪做了一些令我们非常困扰的事，例如打电脑时突然飞扑过来抱着你的手啃咬时，身为一个人类，当下的反应肯定是把猫咪推开，瞪着它严肃地说："不可以！"

事情发生的当下，我们很习惯会做出制止的行为，试图让猫咪明白它在犯错，必须停止。即便成功让猫咪停止了这个行为，但猫咪还是无法理解这件事是错的，停止的原因通常是因为受到惊吓，或者注意力被转移。也因为它搞不清楚为什么这样的行为和被你制止之间关联性，所以下回还是会重复发生同样的问题，你也会发现制止最终是无效的。

教育猫咪不再犯那些使我们困扰的事，不是灌输猫咪是非对错的观念，也不是去研究哪一种制止方法可行，因为按照猫的逻辑，它们是无法理解的。最好的办法是让猫咪有其他更好的选择，以取代这个你不希望看到的行为，也就是试图引导猫咪去做你希望它做的事情。

31

我该怎么教猫咪不可以去那里

破解禁区猫

家家都有需要遵守的规矩，例如不能跑出大门、不可以到料理台上踩踏。新手猫奴手忙脚乱地阻止，却还是拿它们没办法。

首先你要了解，猫不可能只在地面和猫跳台上活动。从猫咪的眼睛看出去的世界是高高低低的路线，越高的地方视野越好。这就能说明为什么猫咪那么喜欢去神坛，因为这个绝佳的制高点拼命吸引着猫咪。餐桌或是料理台就不是位置的问题，而是上面放了什么物品吸引猫咪，或者餐桌本身刚好是一条路的动线，因此你需要先移除猫咪在这里可以找到的“宝藏”或是制造另外一条替代道路，否则时不时有好吃的菜渣或是肉汁，猫咪当然会反复前来查看。

尽管我们做了一些调整，猫咪也不可能永远都不再上餐桌或者料理台，不过可以做到让猫咪尽量少出现在这些位置。

避免猫咪跳上神坛玩应采取的措施

你可以这么做	你应该避免
- 在同一空间准备另一个舒适的高处休息区 - 当猫咪到高处休息区时，要给予关注	- 猫咪跳上禁区时和它说话 - 拿逗猫棒吸引它跳下禁区

若家有喜欢跳上禁区的猫咪，你需要帮它们在这个空间准备另一个舒适的高处休息区。不止这样，当它们去了这个高处休息区时，你需要给予关注。假使当猫咪跑上禁区时，你会和它说话，请它下来，或者拿逗猫棒引它下来，那么同样也要在猫咪跑上你允许的高处休息区时给出这些反应。

猫咪经常跑去禁区，其实很大一部分是饲主反应加强导致的。因此，现在我们逆向操作，在猫咪每次进入禁区时都不给予反应，在进入允许的各处休息区都积极给予关注，经过20~30次之后，猫咪开始发现这两个地点的差别，不知不觉就会不那么坚持要去禁区了。

破解猫在料理台嬉戏

我想料理台不能让猫咪嬉戏的原因应该是有食物、杂物、水渍，而且是制作食物的区域。但正因为如此，引起了猫咪的探索欲望，所以破解方法非常简单，在厨房空闲时进行练习。

练习分为两个重点，一个是区域的熟悉，一个是食物的熟悉。同时，先把你认为危险的物品例如刀叉、易碎瓶罐等违禁品收起来。

一开始让物品尽量清空，猫咪可以在你不担心的状况下探索，你可以在一旁观察猫咪，了解猫咪遇到什么样的物品会有什么样的反应。通常它们只是嗅闻而已，或出手拨弄几下后发现并不是那么有趣，就继续往前探索。几次后你会发现猫咪并没有像当初那么执着要上料理台，这时你可以把原本希望摆放在料理台上的物品拿出来，当猫咪上去时一样要在一旁观察，直到你知道猫咪已经不再对那些物品有兴趣，就可以放心了。

接下来的下一个关卡是食物。先用蔬菜和水果来练习，大部分的猫咪并不是真的想吃这些东西，只是它们很需要用鼻子去了解被带进屋子的新鲜玩意，如果你每次拿出来都不给猫咪机会好好了解，那么下次再拿出来时它又会凑过来一探究竟。

可以让这些蔬果在被包装的情况下给猫咪认识，满足猫咪的好奇心后，当你正在料理，猫咪也已经检查完毕，转身就去好奇其他事情了。如果是肉类，别大方地将肉块赤裸裸往那一放给猫咪嗅闻，有很大的概率是猫咪会直接整块叼走，这是猫咪身为肉食动物的天性。

练习到蔬果阶段完成，直接在厨房料理肉类不见得还会引起猫咪的兴趣，但是料理好的香喷喷食物一上桌，可能就会被乞讨喂食。如果你有用餐被猫咪打扰的困扰，可以将引起猫咪兴趣的食物装入保鲜盒并盖上盖子，一样是让猫咪嗅闻满足好奇但是不会学习吃人类的食物。

∴ 居家生活笔记 ∵

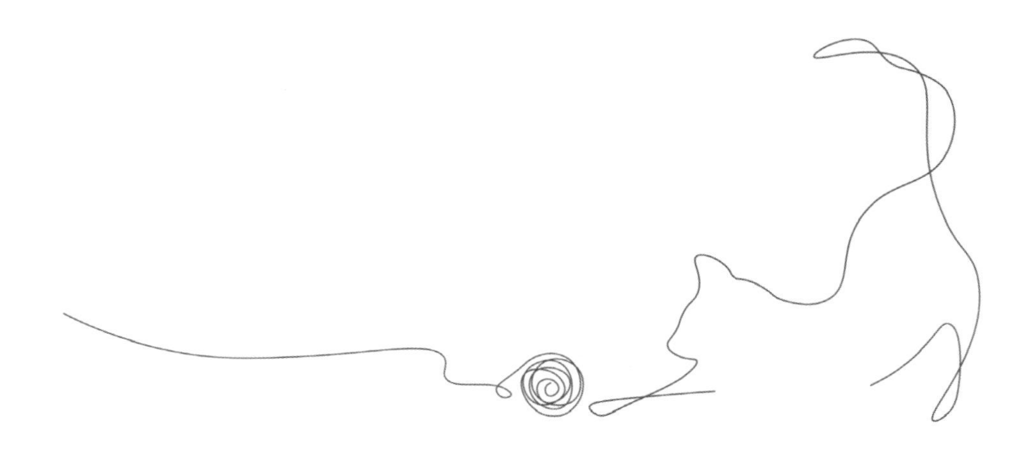

32

怎么训练我的猫咪搭车

建立良好的外出经验

如果饲主想带猫咪自驾出游，只要猫咪外出经验大部分是良好的，那么这部分就会变得很简单。猫咪从家里进外出笼后再到路上行驶这部分我想没有什么问题，问题在于猫咪上了车究竟该待在外出笼，还是在车上自由活动呢?

喜欢外出的猫咪肯定会吵着要出来，在车上一路喵叫。你会发现，打开外出笼，猫咪就开始在车上探索。但为了顾及交通及驾驶安全，我们需要教猫咪哪些禁区是不能够踏入的。我会设定三个区域，第一个是油门及刹车踏板区，第二个是驾驶座区，第三个是挡风玻璃区。

如果你开始训练，不能直接上路同时练习，万一手忙脚乱可能会造成危险。

在车上开始训练的方法如下。

让猫咪自由在车上探索，驾驶座的人不需要跟猫咪说话或是给猫咪任何反应，尤其是不能抚摸。只在猫咪快踏入驾驶区或底下踏板时，伸手将猫咪挡住，让猫咪完全没有机会踩到这个区域。这个挡住的手势就是像一面墙一样挡住不动，不做往后推或抓走猫的动作，几次之后猫咪就会变换方向离开了。最好是有另外一位家人帮忙做这个练习，驾驶员只在必要的时候才出手。

记得，这个训练的关键就是猫咪一次都不能成功踩入驾驶座、踏板及驾驶座前方的挡风玻璃。反复练习几次，你会发现猫咪上车后就会在其他可以休息看风景的地方待着，不会再想要踏入禁区。

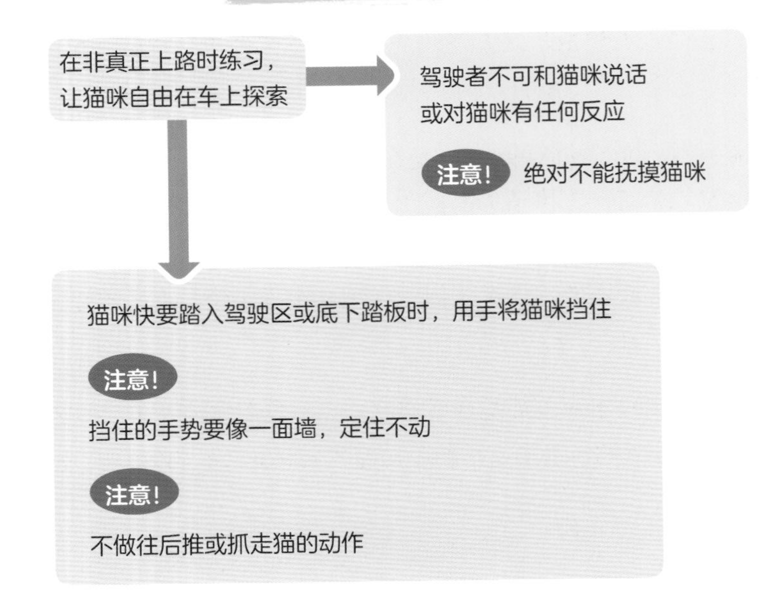

可以带猫咪搭长途车吗

我们都希望猫咪出门是开心的。值得一提的是，即便猫咪从小做好了外出的各种训练，也不能代表每次外出都一定没有压力，因为它们对于轻松外出的定义可能与人类不同。

这让我想起几个案例：几只特爱出门探险的猫咪，饲主也非常愿意满足猫咪出门的欲望，平日里都会固定带猫咪在住家附近遛达。到了难得的假日，饲主心血来潮想去偏远一点的大自然，这个偏远的地方必然是要一段车程的，要知道一般来说猫咪外出在同一个空间执行同一件事情的耐受时间最久不超过1小时，能够等待1小时已经算是极限。如果猫咪上车40分钟后开始吵闹，我认为是合理范围。

经过一个钟头的车程终于到了目的地，猫咪下车探索初期也还算满意，但过了二三十分钟猫咪可能就开始不太想走动，也可能会跑回外出笼里待着。它想回家了，但是大老远跑来这边的人类才刚刚开始散步、拍照，可能还要坐下来喝杯咖啡、吃个点心才要打道回府。

这时候无论猫咪是继续散步还是在外出笼里待着，对它们来说都太久太未知，因为猫咪执行一件事情的时间和人类比较起来是很短暂的。经过这次事件，很多饲主发现猫咪变得不想穿外出的胸背带，或者不想进外出笼，也有外出后没多久就开始喵叫的。这都是因为上次外出的经验，对猫咪造成了一些压力和不好的外出印象。

所以每一次的外出经验都是非常重要的。对猫咪来说，能够在熟悉的外在环境探索是比较轻松的，且车程单程尽可能控制在30分钟内才是比较保险的。

∴ 居家生活笔记 ∵

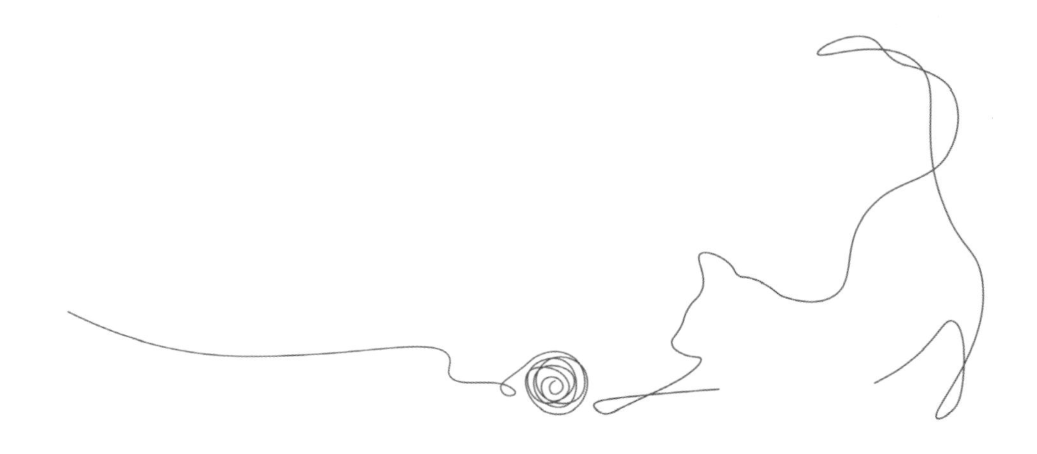

33
可以训练猫咪外出吗

第一次出门

喜欢外出探索的猫咪是比较幸福的，因为比起室内猫有更多有趣的世界及纾压的方式。不过身为一只猫，害怕家门外的世界，也属于正常。我们要做的，是尽可能让猫咪每一次出门都保有良好的经验，并且在猫咪还可以被训练外出的年纪就开始让它们到户外探索。

带猫外出的必备物品

项圈（幼幼猫）

胸背带（建议H型）

外出笼（必须是足够猫咪趴下休息的大小）

4个月龄以内的猫咪面对事物保有好奇心且不惧怕的可能性是比较大的，如果你希望猫咪未来出门不紧张，事不宜迟，从你遇见它的那一刻开始，就可以替外出做准备。

因为是第一次出门，只需要短短5分钟，让猫咪在外出笼里待着就好。也就是说如果您住10楼，把电梯叫上来后进电梯再到一楼就已经足够了，猫咪已经偷看了外面的世界，又不至于一下子受到过多刺激。

曾经有饲主第一次带2个月大的猫咪出门就去了一个小时，还是因为发现猫咪尿尿在笼子里才打道回府。从此以后都在笼子里铺上尿布垫，深怕再弄得一笼猫尿。我说："猫咪不知道你什么时候回家呀！它不知道接下来会怎么被安排，所以当然想尿就先尿啰！"

其实一个小时的外出不是因为猫咪尿急了，而是因为猫咪确实不知道接下来的情况，所以直接尿在笼子里。

即便猫咪没有想尿尿，同样也不会确定接下来可能发生的事情。外面的世界对猫咪来说是很多刺激的，尤其大城市里人挤人、车挤车，有各种声音和体积大的物体在移动。猫咪是经验法则至上的动物，如果第一次外出时间太长或是刺激太多，它就会对出门这件事情有千百个不愿意。因此，由时间短变成时间长，是一个让猫咪知道"没多久就会回家"的方式。

如何判断猫咪外出有没有压力

判断猫咪外出是否有压力是一件很重要的事。如果我们的练习每一次都让猫咪感到压力，那么这个练习就等于是促使猫咪害怕外出。

外出的时间可以视猫咪适应的情况，每次增加3~5分钟，并准备猫咪最爱吃的零食。猫咪在户外愿不愿意进食，可以做为判断的一个标准。如果猫咪在户外完全不愿意进食，那代表猫咪是有些害怕的，建议在较安静的一楼庭院或是

就在楼梯间练习就好，等猫咪完全熟悉，再去距离较远的地点。

猫咪好奇或放松的状况下，肢体不会是僵硬着一动也不动的，应该会在笼子里面探头探脑，甚至抓抓笼子想要出来。如果猫咪缩成一团像面包一样不动，那显然是相当害怕的。

如果猫咪已经超过2岁，或者以往出门经验太差，每次准备出门都像打仗一样地它跑你追，要重新训练进外出笼后出门的成功概率几乎是微乎其微。

但有一种环境特别适合猫咪练习外出，即便是年纪大一些的猫咪可能都还有机会，就是住家的出口大门是在一楼，家门口出去有自己的庭院或是空地，那么穿好胸背带并打开家门后，可以让猫咪自己选择要不要出门探索。

这个差别在于猫咪是自己从家里出发，不需要被抓进外出笼而联想到可能会去可怕的地方。对猫咪来说，前进几步路探探头，随时有危险就可以秒回屋内，不但安全感大大提升，也完全依照自己能够适应的程度决定前进或后退，对整个练习来说是非常简单自然的。

∴ 居家生活笔记

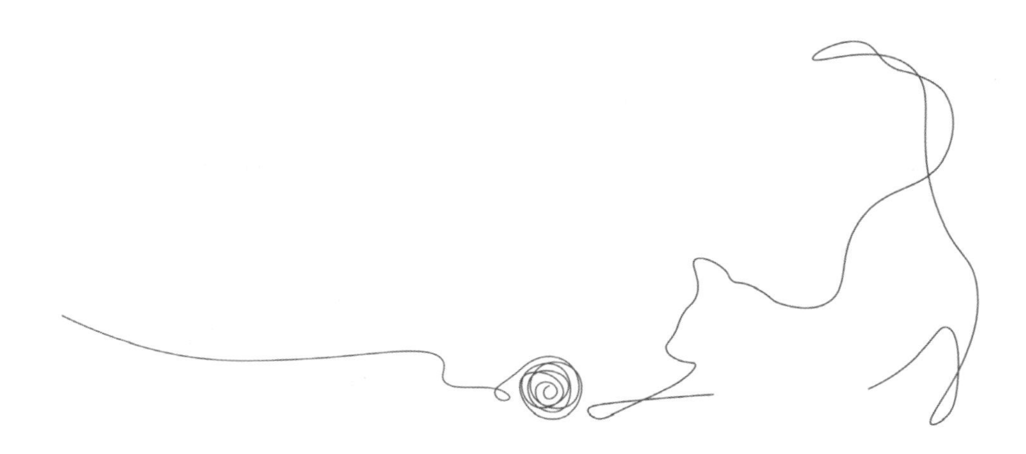

34

猫咪可以不剪指甲吗

在适当环境中，不剪指甲不会造成健康问题

“猫咪如何剪指甲”，在搜寻排行榜上的热度大概仅次于猫咪咬人。身为猫奴，为了帮猫咪剪指甲努力搜索资料并尝试各种训练，可说是用心良苦。反观猫咪对剪指甲这件事，会认为这根本不重要，甚至不需要帮忙。

老实说，猫需要剪指甲是因为配合人类的饲养需求，因为指甲太尖会勾到衣服、布料、窗帘、家饰，跑跳冲刺时会刮花皮椅，而且还会抓伤人类；不只如此，一些家猫若长年不剪指甲，指甲会弯曲生长造成手掌被刺伤，于是我们有千百个必须帮猫咪剪指甲的正当理由。

在一个适当的环境下，猫咪终生不剪指甲是不会有健康问题的。这个适当环境，是指其中有足够供猫咪磨爪的物品。猫咪每日磨爪的次数有5~10次，因此只要能进行适当的消磨，爪子并不会过度生长，同时会变得又尖又锋利，像我们削铅笔、磨刀一样的道理。

而剪指甲时，猫咪必须是自在休息、侧躺的状态。在此提供示范影片参考，请扫描右侧二维码：

改善与猫咪之间的互动

不过，猫咪尖尖的指甲确实很容易勾到人类的生活用品而导致拔不出来的情况。如果你的居家环境很难避免这样的问题，可以考虑帮猫咪剪指甲，把尖端的部分剪掉。

不过，如果是猫咪刻意对某一样物品磨爪所造成的抓痕，就比较难因为剪指甲而避免，只是抓痕的粗细不一样了而已。

很多人要帮猫咪剪指甲的理由是猫咪会挥拳或用爪子抓人，说是把它们指甲剪了，自己则比较不会受伤，但其实针对这个剪指甲的目的，应该是调整猫咪和饲主之间的互动才对。

∴ 居家生活笔记 ∵

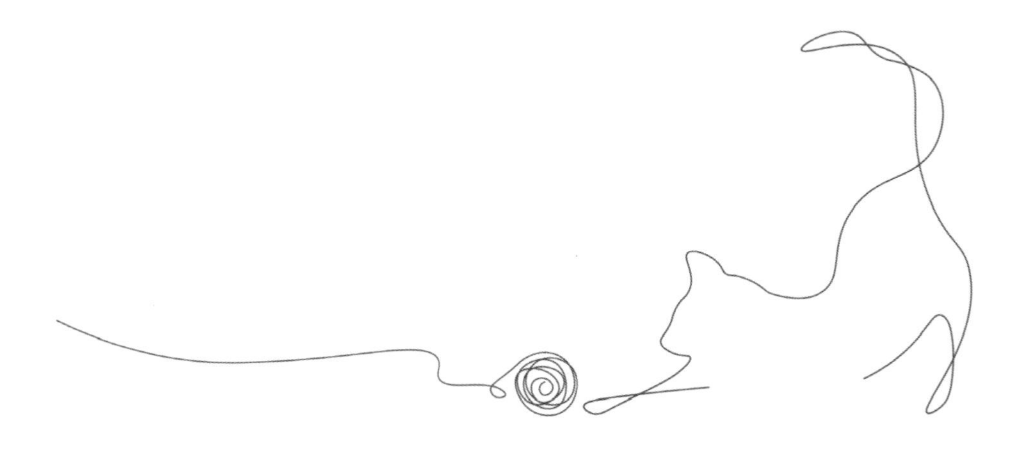